果园病虫害
防控一本通

桃病虫害
绿色防控彩色图谱

张保常　王艳辉　贾峰勇　编著

中国农业出版社

图书在版编目（CIP）数据

桃病虫害绿色防控彩色图谱／张保常，王艳辉，贾峰勇编著. —北京：中国农业出版社，2019.1
（果园病虫害防控一本通）
ISBN 978-7-109-23722-3

Ⅰ.①桃⋯　Ⅱ.①张⋯　②王⋯　③贾⋯　Ⅲ.①桃—病虫害防治—图谱　Ⅳ.①S436.621-64

中国版本图书馆CIP数据核字（2017）第319988号

中国农业出版社出版
（北京市朝阳区麦子店街18号楼）
（邮政编码 100125）
责任编辑　阎莎莎　张洪光

北京中科印刷有限公司印刷　新华书店北京发行所发行
2019年1月第1版　2019年1月北京第1次印刷

开本：880 mm×1230 mm 1/32　印张：6
字数：155千字
定价：39.00元
（凡本版图书出现印刷、装订错误，请向出版社发行部调换）

前　言

桃 [*Prunus persica* (L.) Batsch]，蔷薇科李属，是世界上主要的果树之一。我国是世界桃第一生产大国，面积和产量居世界首位。但是，我国桃在国际市场上竞争力很低。世界桃贸易量约占桃总产量的8%，而我国桃出口量仅占我国桃总产量的0.33%，且我国桃出口量仅占世界桃贸易总量的1.4%，平均价格仅约为世界桃贸易平均价格的1/4。

影响我国桃产业发展及出口贸易的因素涉及产前、产中和产后等多方面，但最主要的因素是产中生产技术问题。在产中病虫害防治时，长期依赖单一的化学农药，造成病虫害抗性增强，农药使用次数和使用量增加，果园生态环境恶化，导致果品品质下降。改革开放30多年以来，在基本解决了国民的温饱问题后，社会更加关注食品安全，民众迫切需要优质安全的农产品，为此，病虫害绿色防控技术是必然的选择。

绿色防控是指采取生态控制、生物防治、物理防治等环境友好型技术，从农田生态系统整体出发，以农业防治为基础，减少化学农药使用，保护天敌资源，恶化病虫生存条件的有害生物综合控制技术。农作物病虫害绿色防控技术在全国得到推广应用，势必在农业安全生产中发挥积极作用。

2003年，农业部948项目"桃无公害生产关键技术引进与示范推广"的实施，进一步完善和推动了桃病虫害绿色防控工作进程，各项绿色防控措施得到了全面、有效的落实，为桃安全、优质生产提供了有力的保障。

本书以北京桃园农事操作实践为基础，总结了多年来在桃病虫害绿色防控技术研究和应用方面的经验，以期在各项防控措施协同应用、提高桃园病虫害绿色防控水平方面为读者提供一些借鉴。

由于编者经验不足和水平有限，书中难免有不妥之处，恳请读者批评指正。

本书编写过程中得到丁建云推广研究员、刘素凤推广研究员、周士龙推广研究员、梁伯高级技师、韩新明高级农艺师的精心指导和帮助，在此一并致谢！

编著者

2018年8月

目　　录

下篇 绿色防控技术

上　篇
桃树常见病虫害

桃树常见病害

桃炭疽病

症状：主要为害果实，也能侵染新梢和叶片。硬核前幼果染病，初期果面呈淡褐色水渍状斑，继而病斑扩大，呈红褐色，圆形或椭圆形，并显著凹陷，有明显的同心环纹状皱纹。天气潮湿时病斑上长出橘红色黏质小粒点，即病菌的分生孢子盘和分生孢子。近成熟期果实发病，病斑常连成不规则大斑，后期橘红色黏质小粒点几乎覆盖整个果面，最后病果软腐，大多脱落，亦有的干缩成僵果，悬挂在枝条上。

新梢受害，出现暗褐色、长椭圆形病斑，天气潮湿时，病斑表面也可长出橘红色小粒点。病梢多向一侧弯曲，叶片萎蔫、下垂，纵卷成筒状，严重的病枝常枯死。

叶片染病后病斑呈圆形或不规则形，淡褐色，病、健分界明显，最后病斑干枯，脱落，造成叶片穿孔。

病原：*Gloeosporium laeticolor* Berk.，属半知菌亚门真菌，病部所见的橘红色小粒点是分生孢子盘。

发病规律：病菌以菌丝在树上病枯枝和僵果上越冬，翌年春产生分生孢子，随风、雨、昆虫传播，侵染新梢和幼果，发生初侵染；以后新生病斑上产生分生孢子，发生多次再侵染。桃树不同品种对炭疽病的抗病性有一定的差异，一般早熟品种和中熟品种发病较重，晚熟品种发病较轻。桃树开花及幼果期低温多雨，有利于发病；果实成熟期，则以温暖、多云、多雾、高湿的环境发病较重。管理粗放、留枝过密、土壤黏重、排水不良及树势衰弱的桃园发病较重。

防治措施：冬季修剪时仔细除去树上的枯枝、僵果和残枝，清除越冬菌源。加强开沟排水，降低水位和湿度。防治时期主要抓住花期、花后及幼果期。落花后至5月下旬可喷施50%甲基硫菌灵可湿性粉剂800～1 000倍液或50%多菌灵可湿性粉剂600～800倍液。

病　叶
(引自郭书普)

病叶上的不规则病斑
（引自郭书普）

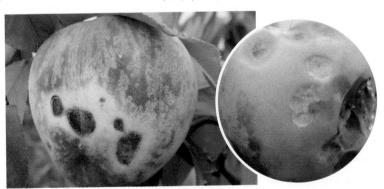

病　果

病果上的病斑
（引自郭书普）

桃 树 干 腐 病

症状：主要为害树龄较大的桃树主干和主枝。发病初期，病部突起，呈暗褐色，表面湿润，病斑皮层下有黄色黏稠的胶液。病斑长形或不规则形，一般多限于皮层，但在衰老的树上可深达木质部。以后病部逐渐干枯凹陷，呈黑褐色，并出现较大的裂缝。发病后期，病斑表面长出大量的梭形或近圆形黑色小粒点。连续多年的侵染可使树势极度衰弱，严重时引起整个侧枝或全树枯死。

病原：贝氏葡萄座腔菌（*Botryosphaeria berengeriana* de Not.），属子囊菌亚门真菌，病部所见黑色小粒点是分生孢子器或子囊腔。

发病规律：病菌以菌丝体、分生孢子器或子囊腔在枝干病组织中越冬，第二年4月产生分生孢子，通过水和风传播。雨天从病部溢出病菌，病菌顺着枝干流下或随着水溅附着在新梢上，从皮孔、伤口侵入，成为新梢初次感病的主要途径。温暖多雨天气有利于发病。树龄较大、管理粗放及树势衰弱的果园发病较重。

防治措施：培育壮苗，提高苗木抗病能力。合理施肥，控制枝条徒长。结合冬剪，及时剪除病枝。发现病斑及时治疗，发芽前可全园喷施1次45%代森铵水剂400～500倍液或3～5波美度石硫合剂，铲除部分树上的越冬病原菌。桃树落花5～7天后，喷施2～3次杀菌剂，如50%多菌灵可湿性粉剂800～1 000倍液，防止病原菌侵染。

病部流胶
（引自 H.J. Larsen）

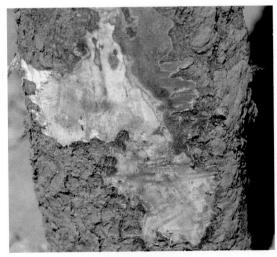

被病菌侵染的皮层
（引自 H.J. Larsen）

桃 树 木 腐 病

症状：为害桃以及杏、李等。主要为害桃树的枝干心材，引起心材腐朽，受害部呈轮纹状，白色疏松，质软而脆，易碎。外部多表现为从锯口、虫伤等伤口长出不同形状的病菌子实体，每株形成的病原菌子实体一到数十个，致使树势衰弱，叶色变黄或过早落叶，降低产量或不结果。

病原：属担子菌亚门层菌纲真菌，主要有伞菌目彩绒革盖菌[*Coriolus versicolar* (L.ex Fr.) Quel.]、伞菌目裂褶菌（*Schizophylum commune* Fr.）、非裕菌目暗黄层孔菌 [*Fomes fulvus* (Scop.) Gill.]。

发病规律：以菌丝体在病部越冬。在被害部产生子实体，条件适宜时产生大量担孢子，借风雨传播，通过锯口或虫伤等伤口侵入。老树、病虫弱树及管理不善的桃园常发病严重。被害部位以干基部最重，越往上受害越轻。

防治措施：加强果园管理，枯死树、濒死树及早铲除烧毁，对衰弱树应采用配方施肥技术，恢复树势，增强抗病力。伤口涂药保护，锯口可用1%硫酸铜液消毒，再涂波尔多浆或煤焦油等保护。随时检查，刮除子实体，清除腐朽木质，用煤焦油消毒保护，以消石灰与水和成糊状堵塞树洞。

枝干受害状

桃 褐 腐 病

症状：可为害桃树果、花、叶、茎。幼果至成熟期均可发病，以果实接近成熟时发病重。果实被害，最初在果面产生褐色圆形病斑，病斑扩展迅速，不久便可扩及全果，果肉也随之变褐软腐。继而在病斑表面生出灰褐色绒状霉层，常呈同心轮纹状排列或平铺，后期病果常干缩失水变成僵果，悬挂枝上经久不落。花受害，病菌侵害雄蕊、柱头、花瓣和萼片，产生褐色水渍状斑点，后逐渐蔓延至全花。潮湿时，病花迅速腐烂，表面生出灰色霉层，病花残留枝上，经久不落。嫩叶受害，自叶缘开始发病，病叶变褐萎垂，如受霜害。枝梢受害后出现溃疡斑，长椭圆形或梭形，中央稍凹陷，灰褐色，雨季常流胶，天气潮湿时，溃疡斑上出现灰色霉丛。

病原：美澳型核果链核盘菌[*Monilinia fructicola* (Winter) Honey]。

发病规律：病菌主要以菌丝体在僵果或枝梢的溃疡部越冬，病菌在僵果中可存活数年之久。升温后僵果上会产生大量分生孢子，借风、雨、昆虫传播，经虫伤口、机械伤口及皮孔侵入果实，也可直接从柱头、蜜腺侵入花器造成花腐，再蔓延到新梢，以后在适宜条件下，还能长出大量分生孢子进行多次再侵染。品种间抗病性差异较大，一般成熟后质地柔嫩、汁多、味甜、皮薄的品种易感病。桃树开花期及幼果期如遇低温多雨，果实成熟期又逢温暖、多云、多雾、高湿环境，发病较重。树势衰弱、管理不善、地势低洼、枝叶过密、通风透光较差的果园发病较重。果实储运中如遇高温高湿，也有易于病害发展。

果实受害初期

防治措施：生长季对当年的败育果、疏除的幼果、落地果进行清理，清除病菌。园地冬季深翻，深埋落地病、僵果。发病初期和采收前3周喷施50%苯菌灵可湿性粉剂1 500倍液，发病严重的桃园可每15天喷1次药，采收前3周停喷。

桃树受害状

僵　果

病果上的霉丛

桃 树 根 癌 病

症状：桃树整个生长过程中都可遭受桃树根癌病菌的侵染，不同生育期，其为害部位和程度有所不同。主要发生在根颈部，也发生于侧根，嫁接处较为常见，其中以从根颈长出的大根最为典型，被害后形成癌瘤。瘤的形状不一致，通常为球形或扁球形，也可互相融合成不定形瘤。初生癌瘤为灰色或略带红色，柔软、光滑，后逐渐变硬，呈木质化，表面不规则，粗糙或凹凸不平，呈褐色至深褐色，而后龟裂。根癌病对桃树的影响主要是削弱树势，使地上部分生长缓慢，植株矮小，成年果树受害后，果实小，寿命缩短。

病原：根癌农杆菌 [*Agrobacterium tumefaciens* (Smith et Towns.) Conn.]。

发病规律：病原细菌存活于根瘤组织皮层内或在癌瘤破裂脱皮时进入土壤中越冬，可在土中存活2年。如病菌脱离寄主组织进入土壤，存活时间则很短。雨水和灌溉水是病菌传播的主要媒介，其次是地下害虫如蛴螬、蝼蛄等。带菌苗木运输是远距离传播的主要方式。病菌通过根系的伤口，如虫伤、机械损伤、嫁接口等侵入寄主，并刺激伤口附近细胞分裂，形成癌瘤。碱性土壤利于发病，土壤黏重、排水不良的果园发病较多，劈接苗木发病率较高，芽接苗木发病率较低，嫁接口在土面以下利于发病。

防治措施：建立无病苗木繁育基地，培育无病壮苗，认真做好苗木产地检验消毒工作，发现病株及时清除焚毁，对病点周围土壤进行彻底的消毒处理，防止病害扩散蔓延。在定植后的果树上发现癌瘤时，先用利刀切除癌瘤，再用波尔多液或0.4毫克/毫升链霉素液涂抹切口，外加凡士林保护。

感染根癌病的桃树幼苗

幼年桃树根部癌瘤　　　　　　　成年桃树根部癌瘤

桃 软 腐 病

症状：发病初期，桃果面出现浅褐色、水渍状、近圆形病斑。病斑上很快长出绵毛状霉，为病菌的菌丝、孢囊梗和孢子囊，6～7小时后，孢子囊成熟，变成黑色。病斑扩展极快，一天可蔓延至半个果面，2～3天整果腐烂。病组织极软，农民称"水烂"，病果落地如烂泥。病果紧贴的健果也很快腐烂，在1个桃果上可与褐腐病混合发生。碧霞蟠桃被害后易干缩成僵果，悬挂枝头，经冬不落。

病原：主要为匐枝根霉 [*Rhizopus stolonifer* (Ehrenb. ex Fr.) Vuill]。

发病规律：温度较高且湿度较大时病害发展快。带病僵果内的菌丝体可以越冬。病果、树体表面、落叶、土壤表面等处的孢囊孢子也可越冬，其越冬场所多，是翌年的初侵染源。经气流、降雨、昆虫活动传播。可从伤口侵入成熟果实，无伤口果实不被侵染。

防治措施：桃果成熟后及时采收，在采、运、储过程中，轻拿轻放，防止机械损伤。注意在0～3℃低温下进行储藏和运输。补钙可提高果实硬度，不会出现缝合线变软，可减缓果实衰老，增强抗病力。坐果后7～10天喷1次多米诺（钙肥）2 500～3 500倍液，连喷4～5次。同时注意不要用碳铵，并控制其他速效氮肥用量，尽量使用有机肥。用药时期与药剂种类同褐腐病。

果实受害状

果实上的黑色孢子囊

僵　果

桃细菌性穿孔病

症状：主要为害叶片，在桃树新梢和果实上均能发病。叶片受害，初生水渍状小点，后渐扩大为圆形或不规则形、紫褐色至黑褐色斑点，周围呈水渍状黄绿晕环，边缘有裂纹，严重时一片叶有几十个病斑，最后病斑干枯脱落形成穿孔，提早脱落。

枝条受害后，有两种不同的病斑：一是春季溃疡斑，发生在前一年夏季已被侵染发病的枝条上，形成暗褐色小疱疹状病斑，直径约2毫米，后可扩展达1～10厘米，宽度多不超过枝条直径的一半；二是夏季溃疡斑，夏末在当年嫩枝上以皮孔为中心发生，圆形或椭圆形，暗紫褐色，稍凹陷，边缘水渍状，潮湿时，其上溢出黄白色黏液。果实受害，果面出现暗紫色、圆形、中央微凹陷的病斑，以后病斑扩大，颜色加深，最后凹陷龟裂。

病原：甘蓝黑腐黄单胞菌桃穿孔致病型 [*Xanthomonas arboricola* pv. *pruni* (Smith，1903) Vauterin et al.]，属黄单胞菌属细菌。

发病规律：病原主要在枝梢的溃疡斑内越冬，第二年春随气温上升，病菌从病组织中溢出，借风雨和昆虫传播，经叶片气孔、枝梢皮孔和果实皮孔侵入，引起当年初次发病，春季溃疡斑上的病原是该病的主要初侵染源。该病的发生与气候、树势、管理水平及品种有关。温度适宜、多雨、多雾等高湿环境下发病重；管理不善、荒芜、通风透光不良、树势衰弱的桃园发病重；此外，如有叶蝉、蚜虫为害，以及栽植地排水不良、偏施氮肥，均可加重发病。

受害嫩枝

防治措施：注意水肥管理，降低空气湿度，改善通风透光条件，促使树体生长健壮，提高抗病能力。结合冬季清园修剪，彻底剪除枯枝、病梢，及时清扫落叶、落果等，消灭越冬菌源。上年病害发生严重园，桃园临近发芽喷1次77%氢氧化铜可湿性粉剂1 000倍液，能有效杀灭越冬的桃细菌性穿孔病菌（注：氢氧化铜一年只用这一次，生长季严禁使用）；桃始花时，喷25%溴菌腈可湿性粉剂1 200倍液或5%中生菌素可湿性粉剂1 500倍液。

受害果实

受害叶片

桃疮痂病

症状：主要为害果实，其次为害叶片和枝梢。果实的肩部受害最早、最重。病斑早期为暗绿色至黑色圆形小斑点，病斑大小一般为2～3毫米，严重时病斑连片呈疮痂状。该病只侵害果实表皮，当病组织死亡后，果肉仍不断增长，因此造成果实表皮龟裂。

幼梢发病，初生浅褐色椭圆形斑点，后变为褐色至紫褐色，严重时小病斑连成大片，并常发生流胶，最后在病斑表面密生黑色小粒点（分生孢子丛），病斑也限于表皮。叶片受害，其背面出现有形或不规则形的灰绿色病斑，后渐变为褐色至紫红色，病斑较小，最后病斑脱落，形成穿孔，严重时可导致病叶干枯脱落。

病原：有性态为嗜果黑星菌（*Venturia carpophila* Fisher），属子囊菌亚门真菌；无性态为嗜果枝孢菌 [*Fusicladium carpophilum* (Thüm.) Oudem.]，属半知菌亚门真菌。

发病规律：病菌主要以菌丝体在枝梢病组织内越冬。翌年春，病组织上产生的分生孢子借风雨传播到果实、枝条和叶片上，引起初次侵染。病菌侵入寄主后，潜伏期较长，叶及枝梢接种后，通常需经25～45天才能发病，果实上为42～77天。因此，田间表现为早熟品种发病轻，中熟品种次之，晚熟品种发生较重。多雨和潮湿天气有利于病害的流行，果园低洼或通风不良时容易加重该病发生。

防治措施：早春严格清园，注意排水，加强夏剪。落花后适时套袋。发芽前喷1：1：100的波尔多液，落花后15天，喷施70%代森锰锌可湿性粉剂800倍液或50%多菌灵可湿性粉剂1 000倍液。

受害果实

果实上的病斑

桃 缩 叶 病

症状：该病主要为害叶片，也能侵染新梢和果实。病树萌芽后嫩叶刚抽出即呈红色卷曲状，随叶片逐渐开展，卷曲皱缩程度也随之加剧，叶片增厚变脆，并呈红褐色。春末夏初在叶表面生出一层银灰色粉状物，即病菌的子囊层，最后病叶变褐，焦枯脱落。

新梢受害时变成灰绿色或黄绿色，较正常的枝条节间缩短，略为粗肿，叶片簇生，严重时病梢扭曲、整枝枯死。花和幼果受害后多数畸变脱落。

病原：畸形外囊菌 [*Taphrina deformans* (Berk.) Tul.]，属

子囊菌亚门真菌。

发病规律：病菌主要以厚壁芽殖孢子在桃芽鳞片上越冬，也可在枝干的树皮上越冬，到翌年春季桃芽萌发时，芽殖孢子即萌发，直接穿过鳞片或树的表皮，或由气孔侵入嫩叶。桃缩叶病的发生与春季桃树萌芽展叶期的天气有密切关系，低温、多雨潮湿的天气发病重，一般江河沿岸、湖畔及低洼潮湿地发病重，实生苗桃树比芽接桃树易发病。

防治措施：选种抗病桃树品种。4～5月初见病叶而尚未出现银灰色粉状物前立即摘除，带出田外处理。发病严重桃园应及时追肥、灌水，增强树势，提高抗病性。桃萌芽前使用4～5波美度石硫合剂喷施枝干。田间初发病，喷施70%甲基硫菌灵可湿性粉剂1 000倍液或5%百菌清可湿性粉剂600倍液。

受害果实
(引自郭书普)

受害叶片

桃 白 粉 病

症状： 桃白粉病主要为害叶片、新梢，有时为害果实。受害叶片背面初现近圆形或不规则形的白色霉点，后霉点逐渐扩大，呈近圆形或不规则形粉斑，粉斑可互相连合为斑块，严重时叶片大部分乃至全部被白色粉状物所覆盖。发病后期叶片褪绿、皱缩，甚至干枯脱落。秋天，在受害叶片的菌丛中还能见到黑色小粒点，即为病菌的子囊壳。新梢被害，在老化前也出现白色菌丝。果实被害，5～6月开始表现症状，在果面上形成直径约1厘米的白色圆形病斑，其上有一层白色粉状物，接着表皮附近组织枯死，形成浅褐色病斑，后病斑稍凹陷，硬化。

病原： 三指叉丝单囊壳菌 [*Podosphaera tridactyla* (Wallr.) de Bary] 和毡毛单囊壳菌 [*Podosphaera pannosa* (Wallr. ex Fr.) de Bary]，均属子囊菌亚门真菌。

发病规律： 病菌以子囊壳及芽鳞内的菌丝越冬。翌年产生的子囊孢子和分生孢子随气流和风传播进行初侵染，以后，菌丛产生大量的分生孢子进行再侵染。

防治措施： 落叶后至发芽前彻底清除果园落叶，集中烧毁。发病初期及时摘除病果深埋，减少菌源。芽膨大前期喷洒5波美度石硫合剂，消灭越冬病原。发病初期及时喷洒50%硫悬浮剂500倍液或50%多菌灵可湿性粉剂800～1 000倍液。

受害叶片
（引自郭书普）

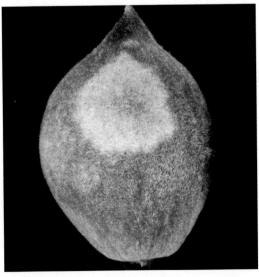

受害果实
（引自 University of Georgia Plant Pathology Archive）

桃 树 流 胶 病

症状：主要发生于桃树主干、主枝上。发病初期病部肿胀，在树干和主枝的皮层处常可见分散的疱状隆起，用手按之有松软感，不久皮层破裂，从内部渗出透明柔软的胶质物，初为透明或褐色，后柔软树胶变成硬胶块，其大小因疱状隆起的大小及树体长势和受害程度不同而异。此病会造成树皮与木质部腐烂，树势日趋衰弱，叶片变黄，严重时全株树干枯死。

病因：桃树流胶主要有3种类型：①生理性流胶。受霜冻、冰雹、机械外伤、肥水管理不当致树势衰弱等非生物因素引起。②病理性流胶。当桃树感染了一些真菌性病害后，也会发生流胶。如感染桃干腐病菌（*Botryosphaeria dothidea*）、桃褐腐病菌（*Monilinia fructicola*）。③复合型流胶。由于树势衰弱或虫害（如天牛、蠹蛾等为害）造成伤口，一些弱寄生真菌趁机侵入引起的复合性流胶。

发病规律：高湿是此病害发生的重要条件，春季低温、多阴雨易引起树干发病。管理粗放、排水不良、土壤黏重、树体衰弱的情况下，病害易于发生。

防治措施：加强栽培管理，增强树势，提高桃树的抗病能力。清理桃园，消灭越冬虫、菌源。桃树萌芽前喷施5波美度石硫合剂，5～6月喷施50%多菌灵可湿性粉剂800倍液。

嫩梢流胶

枝干流胶

伤口流胶

果实流胶

桃 煤 污 病

症状：桃煤污病又称桃煤烟病，为害桃树叶片、果实和枝条。枝干被害处初现污褐色圆形或不规则形霉点，后形成煤烟状黑色霉层，部分或布满枝条。叶片被害正面产生灰褐色污斑，后逐渐转为黑色霉层或黑色霉粉层。果实被害后表面布满黑色煤烟状物，降低果实商品价值。

病原：属半知菌亚门真菌，主要有多主枝孢[*Clasdosporium hergbrum* (pers.) Link]、大孢枝孢(*Cladosporium macsrocarpum* Preuss)、链格孢 [*Alternaria alternata* (Fr.) Keissl]。

发病规律：病菌以菌丝体和分生孢子在病叶上、土壤内及植物残体上越过休眠期。翌年春条件适宜时产生分生孢子，借风雨或蚜虫、介壳虫和粉虱等昆虫传播蔓延。湿度大，通风透光差，以及蚜虫等刺吸式口器昆虫多的桃园，往往发病重。

防治措施：改善桃园通透性，雨后及时排水，防止湿气滞留。及时防治蚜虫等害虫。发病初期，可选用50%多霉灵可湿性粉剂1 500倍液或65%抗霉灵可湿性粉剂1 500～2 000倍液，每15天喷洒1次，共喷1～2次。

桃树受害状

病　果

桃树常见害虫

桃 蚜

学名：*Myzus persicae* (Sulzer)。

分类：半翅目，蚜科。

分布：广泛分布于全国各地。

识别：

成蚜：有翅胎生雌蚜体长1.8～2.1毫米；头、胸部黑色，腹部绿色、黄绿色、褐色、赤褐色，背面有黑斑；翅较长、大，腹部略瘦长，尾片圆锥形；额瘤显著，向内倾斜。无翅胎生雌蚜体长2.0毫米左右；体鸭梨形，全体绿色、橘黄色、赤褐色等，颜色变化大，有光泽，其他部位同有翅蚜。

卵：初为橙黄色，后变黑色而有光泽，长椭圆形，长0.5～1.2毫米。

若蚜：体小，似无翅胎生雌蚜。

习性：在北方1年发生10余代，以卵在芽腋、芽鳞片、小枝杈等处越冬。越冬卵最早年份3月6日孵化，一般年份在3月中下旬，芽膨大期孵化；4月初越冬卵基本孵化结束；4月中旬进行孤雌生殖，产生第一代蚜虫，花期大量为害嫩叶及花，谢花后造成卷叶；5月上旬产生有翅蚜，大量迁飞扩散为害，5月中下旬繁殖最快，为害最重，少雨干旱则发生量大；5月中旬至6月中旬，瓢虫等天敌逐渐增多，对控制蚜虫为害起到一定作用；6月上旬有翅蚜陆续迁移到其他寄主上为害；10月上旬，有翅蚜返回桃树，产生有性蚜，交尾后产卵在越冬部位。

　　防治措施：悬挂银灰色塑料条，或采用黄板诱杀有翅蚜。保护和利用天敌，如瓢虫、草蛉、食蚜蝇等。关键措施是在桃树开花前和谢花后施两次药，选用10%吡虫啉可湿性粉剂4 000～5 000倍液喷雾。

桃蚜及为害状

桃树被害状

有翅成蚜
（引自Scott Bauer）

无翅成蚜

桃 粉 蚜

学名：*Hyalopterus arundinis* Fab.。

分类：半翅目，蚜科。

分布：分布于我国华北、华东、东北等地；欧洲、日本也有分布。

识别：

无翅孤雌蚜：体长2.3～2.5毫米，宽约1.1毫米，长卵圆形，体绿色，被有白色蜡粉。中额瘤及额瘤稍隆。触角光滑，为体长的3/4，第五、六节灰黑色，第六节鞭部长为基部的3倍。腹管圆筒形，中部稍膨大，基部稍狭小，端部1/2灰黑色。尾片长圆锥形，有曲毛5～6根。

有翅孤雌蚜：体长2～2.2毫米，宽约0.89毫米，长卵形。头、胸部暗黄至黑色，腹部黄绿色，体被白蜡粉。触角为体长的2/3，第三节有圆形感觉圈12～25个，散布全节，第四节为0～5个。触角第一、二节和三至五节端部和第六节及足跗节灰黑色。翅脉正常。腹管基部收缩。其他特征与无翅蚜相似。

卵：椭圆形，长约0.6毫米，初产时黄绿色，后为黑色，有光泽。

若蚜：分4龄，类似无翅胎生雌蚜，体小。

习性：北方1年发生10余代，以卵在桃、杏等冬寄主的芽腋、裂缝及短枝杈处越冬，冬寄主萌芽时孵化，群集于嫩梢、叶背为害繁殖。5～6月繁殖最盛，为害严重，产生大量有翅胎生雌蚜，迁飞到夏寄主上为害繁殖，10～11月产生有性蚜交配产卵越冬。

防治措施：在春季蚜虫发生量少时，及时剪除被害新梢，可有效控制蔓延，适用于幼果园。保护、利用瓢虫、草蛉、食蚜蝇和寄生蜂等天敌。药剂可选用10％吡虫啉可湿性粉剂4 000～5 000倍液喷雾。由于此虫体被蜡粉，防治药液中加入适量中性肥皂或洗衣粉，可增加药液的附着性。

受害枝条

桃粉蚜成虫

桃 瘤 蚜

学名：*Tuberocephalus momonis* Matsumura。

分类：半翅目，蚜科。

分布：国内分布较广，南方、北方均有发生。

识别：

成蚜：有无翅胎生蚜和有翅胎生蚜之分。无翅胎生雌蚜体长约2毫米，体色多变，有深绿、黄绿、黄褐等，头部黑色，复眼赤褐色；中胸两侧有瘤状突起，腹背有黑色斑纹。有翅胎生蚜体长1.8毫米，淡黄褐色，额瘤显著，触角丝状，6节，翅透明，脉黄色，腹管圆筒形，中部稍膨大。

若蚜：与无翅胎生雌蚜相似，体较无翅胎生蚜小，淡黄或浅绿色，头部和腹管深绿色，复眼朱红色，额瘤较明显。

卵：椭圆形，漆黑色。

习性：1年发生10余代，有世代重叠现象。以卵在越冬寄主枝条芽腋处越冬。翌年寄主发芽后孵化为干母。群集在叶背面取食为害，大量成蚜和若蚜藏在虫瘿里为害。5～7月是桃瘤蚜的繁殖、为害盛期，并产生有翅胎生雌蚜迁飞到草坪上为害，10月又迁回到桃树等果树上，交尾产卵越冬。

防治措施：早春对被害较重的虫枝进行修剪，并将虫枝、虫卵枝和杂草集中销毁，减少虫、卵源。在天敌的繁殖季节，要科学使用化学农药，不宜使用触杀性广谱型杀虫剂，保护草蛉、瓢虫等自然天敌。在发芽后15天可喷施10%吡虫啉可湿性粉剂3 000倍液或3%啶虫脒乳油2 000倍液进行化学防治。

桃瘤蚜为害状

二 斑 叶 螨

学名：*Tetranychus urticae* Koch。

分类：蛛形纲，蜱螨目，叶螨科。

分布：广泛分布于我国各地。

识别：

雌成螨：体椭圆形，长0.5～0.6毫米，宽0.3～0.4毫米。体色灰绿、黄绿或深绿。体背两侧各有1个明显褐斑。越冬滞育型雌螨体色橙黄，褐斑消失。

雄成螨：体略呈菱形，长0.3～0.4毫米，宽约0.2毫米，多呈绿色，活动较敏捷。

卵：圆球形，有光泽，直径约0.1毫米，初产时为乳白色，后渐变为淡黄色，将孵化时出现红色眼点。

幼螨：体半球形，白色，取食后变暗绿色，眼红色，足3对。

若螨：体椭圆形，黄绿或深绿色，足4对。可分为前若螨和后若螨两个虫期，后若螨与成螨相似。

习性：1年发生10～13代。高温干旱有利于该螨的发育。以受精雌成螨在树干翘皮下、粗皮裂缝内、果树根际周围土壤缝隙和落叶、杂草下群集越冬。早春3月底至4月初开始出蛰，4月中旬为出蛰盛期，到5月中旬还有刚出蛰的雌成螨，随气温升高和害螨繁殖数量的加大，渐渐地从地下杂草向树上、从树冠内膛向树冠外围扩散。在第二代成螨至第三代若螨期，是该螨上树为害的始盛期。到10月上旬全部的雌成螨变成越冬滞育型体色，进入越冬场所。

防治措施：出蛰前刮除并销毁大枝干老翘皮，清除树冠下残枝、杂草、落叶及植物残体。在越冬雌成螨出蛰期，树上喷施50%硫悬浮剂200倍液，可有效消灭在树上活动的越冬成螨。在夏季，要抓住害螨从树冠内膛向外围扩散初期这一防治时机，选用选择性杀螨剂，常用的有20%三唑锡悬浮剂1 500倍液、5%唑螨酯乳油2 500倍液等。

成螨及若螨

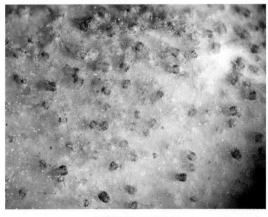

成螨群集吐丝结网

苹 小 卷 叶 蛾

学名：*Adoxophyes orana* Fischer von Röslerstam。

分类：鳞翅目，卷叶蛾科。

分布：分布于我国东北、华北、华东、华中、西南等地。

识别：

成虫：体长6～8毫米，翅展16～21毫米，身体棕黄色。前翅由淡棕到深黄色，后翅灰褐色，缘毛灰黄色。

卵：排列成卵块，表面有黄色蜡质物，初产时黄绿色，很快变鲜黄色，表面有网纹。

幼虫：老熟幼虫体长17毫米左右，身体细长，淡黄绿色或翠绿色，臀栉6～8齿。

蛹：体长9～10毫米，黄褐色，体较细长。腹部第二至七节各节背面有2列横刺，腹部末端臀棘发达，有8根钩状刺毛。

习性：1年发生3～4代，在北京平谷1年发生3代，以低龄幼虫在树皮裂缝、剪锯口及枯叶等处结茧越冬，翌年桃树发芽后开始出蛰。幼虫主要为害叶芽、花蕾、花和嫩叶，也为害幼果，极活泼，有假死和转苞为害习性，老熟后在卷叶内结茧化蛹。为害盛期在4月15～25日，正值花期。越冬幼虫一般在5月中下旬化蛹，6月羽化。成虫日伏夜出，卵块产于叶片或果实上，呈鱼鳞状排列。

防治措施：幼虫出蛰前抹杀树上枯叶下的幼虫。刮除大枝干老翘皮集中销毁，对较大伤口涂杀虫剂，消灭越冬幼虫。成虫发生期，利用性诱剂、糖醋液、杀虫灯诱杀成虫。

每亩*地释放赤眼蜂10万~12万头。药剂可选用1.8%阿维菌素乳油4 000倍液或3.2%高氯·甲维盐微乳剂2 500倍液。

幼虫为害叶片

幼 虫

---

* 亩为非法定计量单位，1亩＝667米²。全书同。

蛹

成 虫

桃 潜 叶 蛾

学名：*Lyonetia clerkella* L.。

分类：鳞翅目，潜叶蛾科。

分布：我国北方大部分桃产区均有分布。

识别：

成虫：体长3毫米，翅展6毫米，夏型成虫前翅银白色，冬型成虫前翅灰褐色。雌蛾体长2.8～3毫米，翅展7.5～8.0毫米。雄蛾略小。前翅狭长，先端尖，附生3条黄白色斜纹，翅先端有黑色斑纹；前、后翅均具灰色长缘毛。

卵：扁椭圆形，0.23～0.26毫米，半透明，无色。

幼虫：老熟幼虫体长4.6～6.7毫米，体稍扁，淡绿色，头部浓褐色，胸足黑褐色。

蛹：体长3.0～3.5毫米，淡绿色，头尾两端各有两个圆锥形突，外有丝茧，茧白色，两端有6～8根丝固定在叶背面。

习性：1年约发生7代，以冬型成虫在桃园附近的小石坝缝、杂草落叶下（15～20厘米厚）越冬，少量在主干糙皮裂缝中越冬。第二年桃树展叶后成虫羽化，产卵于叶表皮内，叶背见黄色小鼓包，单雌产卵量19～34粒。幼虫孵化后即潜入叶内蛀食为害，潜食蛀道呈线状并弯曲。幼虫老熟后，多由隧道端部叶片背面咬一小孔爬出，吐丝下垂，在下边叶片背面吐丝做茧。第一代成虫约于5月中旬发生，以后约每月发生1代。10～11月后，开始越冬。

防治措施：冬季结合清园，扫除落叶烧毁。成虫发生期喷药，常用10%氯菊酯乳油30～60毫克/千克喷雾。

植株被害状

幼虫吐丝做茧

叶片被害状

幼虫及蛀道

桃 天 蛾

学名：*Marumba gaschkewitschii* (Bremer et Grey)。

分类：鳞翅目，天蛾科。

分布：分布于我国北京、辽宁、内蒙古、山西、河北、山东、江苏、浙江、江西、福建、四川等省份。

识别：

成虫：体长36～46毫米，翅展80～120毫米。体肥大，深褐色，头细小。体、翅灰褐色，复眼黑褐色，触角短栉状，浅灰褐色，头胸背中央有一深色纵脉。前翅反面基部至中室呈粉红色，外线与亚端线之间黄褐色，前翅内横线双线，中横线和外横线为带状，及近外缘部分均黑褐色，近臀角处有1～2个黑斑。后翅枯黄，略带粉红色，翅脉褐色，近臀角处有2个黑斑。

卵：椭圆形，长1.6毫米，初产时翠绿色，透明，有光泽，孵化时深绿色。

幼虫：体长80毫米，黄绿至绿色，横褶上着生黄白色颗粒；第四节后每节气门上方有黄色斜条纹，自各节前缘下侧向上方斜伸，止于下一体节背侧近后缘。尾角粗长，生于第八腹节背面。气门椭圆形，围气门片黑色。

蛹：长45毫米左右，深褐色，臀棘锥状。

习性：在东北1年发生1代，在河北、山东、河南1年发生2代，在安徽、江西1年发生3代。均以蛹于土中越冬。成虫昼伏夜出，黄昏开始活动，有趋光性。卵散产于枝干皮缝中，偶有产在叶上者，每雌可产卵170～500粒。成虫寿命平均5天，卵期7天左右。老熟幼虫多于树冠下疏松的土内化蛹，以4～7厘米深处居多。

防治措施：冬季翻耕树盘挖蛹，用灯光诱杀成虫。幼虫发生期喷施杀虫剂，消灭食叶幼虫。可选用2.5%溴氰菊酯乳油8 000～10 000倍液或16 000国际单位/毫克苏云金杆菌可湿性粉剂2 250～3 750克/公顷喷雾。

成虫背面

成虫腹面

梨 小 食 心 虫

学名：*Grapholita molesta* (Busck)。

分类：鳞翅目，小卷叶蛾科。

分布：广泛分布于我国各地。

识别：

成虫：体长5～6毫米，翅展10.6～15毫米，前翅前缘有7～10组白色斜纹，翅中央有一小白点，全体暗黑褐色。

卵：扁椭圆形，直径0.5～0.8毫米，淡黄白色，半透明，孵化前变黑褐色。

幼虫：老熟幼虫体长10～12毫米，蛀食桃梢时幼虫紫红色，蛀食桃果实幼虫粉红色，越冬幼虫浅黄褐色，臀栉4～7刺。

蛹：体长6～7毫米，纺锤形，深褐色。茧白色丝质，扁平，椭圆形，长约10毫米。

习性：1年发生代数因各地气候不同而异，在华南1年发生6～7代，东北多为3～4代。以老熟幼虫结薄茧在主干老翘皮、人工绑草把内、主枝杈、主枝绑布条下、树上空纸袋中及根颈周围浅土层中越冬。在北京1年发生4～5代，越冬代成虫3月26日始见，高峰期为4月17～26日，5月初始见第一代幼虫蛀梢为害。第一代成虫高峰期为5月29日至6月8日，6月上中旬为幼虫蛀梢盛期，6月初始见幼虫为害桃果；第二代成虫高峰期为6月27日至7月9日，幼虫继续为害桃梢，蛀食桃果数量增多；第三代成虫高峰期为8月3～12日，幼虫大量为害中晚熟桃，也为害桃梢；第四代成虫高峰期为8月30日至9月6日，幼虫蛀食晚熟桃果。以后诱虫量逐渐减少，10月中旬基本结束。老熟幼虫9月中旬陆续脱果转入越冬场所。

防治措施：及时摘除并销毁虫果，以减少虫源。果实全部套袋，阻隔幼虫为害。成虫发生期，利用性信息素诱杀雄成虫或干扰交配，压低虫口数量。药剂可选用20%氰戊菊酯乳油10～20毫克/千克喷雾。

树梢被害状

被蛀果实

果实内的幼虫

小枝中的幼虫

老熟幼虫

成　虫

草 履 蚧

学名：*Drosicha corpulenta* (Kuwana)。

分类：半翅目，绵蚧科。

分布：广泛分布于我国各地。

识别：

成虫：雌虫无翅，体长10毫米左右，扁平，椭圆形，似草鞋状，赤褐色，披有白色蜡粉，腹部背面有横皱褶。雄虫紫红色，体长5～6毫米，翅展约10毫米。翅1对，浅黑色。

卵：椭圆形，初产时黄白色，渐变成赤褐色。

若虫：与雌成虫相似，但体小色深。

蛹：雄蛹圆筒形，褐色，长约5毫米，外披白色绵状物。

习性：成虫、若虫用刺吸式口器吸食枝芽、嫩叶汁液，同时排出大量黏液，造成树势衰弱、枝芽枯死，严重时致使整树死亡。

1年发生1代，以卵和初孵若虫在树干基部土里越冬，若虫出土后爬向植株主干，在皮缝内或背风处隐蔽，10～14时在树的向阳面活动，顺树干爬至嫩枝、幼芽等处取食，初龄若虫行动不活泼，喜在树洞或树杈等处隐蔽群居。越冬卵2月上旬至3月上旬孵化，若虫于3月底至4月初第一次蜕皮，4月中下旬第二次蜕皮，4月底至5月上旬羽化为成虫，5月中旬为交尾盛期，交配后潜入土中产卵。

防治措施：封冻前清园，翻树盘，消灭越冬卵。若虫上树前，在主干距地面30厘米以上部位，刮除10～20厘米宽的糙皮，缠胶带（光面在外），在胶带下缘涂黏虫胶效果更好，注意及时消灭胶带下部的草履蚧。若虫上树后，可在发芽前喷施40%杀扑磷乳油1 500倍液。

成虫交尾

雌成虫

雌成虫背面

雌成虫腹面

雄成虫

桃 小 绿 叶 蝉

学名：*Empoasca flavescens* (Fabricius)。

分类：半翅目，叶蝉科。

分布：国内除西藏、新疆、青海、宁夏外，其他各地均有分布；欧洲、非洲、北美及朝鲜、日本、印度、斯里兰卡等地区也有分布。

识别：

成虫：体长3.3～3.7毫米，淡黄绿至绿色。头顶中央有1个白纹，两侧各有1个不明显的黑点，复眼内侧和头部后侧也有白纹，并与前一白纹连成山字形。前翅半透明，略呈革质，后翅无色透明。

卵：长约0.8毫米，椭圆形，一端略尖，乳白色。

若虫：全体淡绿色，复眼紫黑色。

习性：卵多产在新梢或叶片主脉里，以近基部居多，少数产在叶柄内。雌虫一生产卵46～165粒。若虫孵化后，喜群集于叶背面吸食为害，受惊时很快横向爬动。成虫在常绿树叶中或杂草中越冬。翌年3～4月开始从越冬场所迁飞到嫩叶上刺吸为害。被害叶初现黄白色斑点，逐渐扩展成片，严重时全叶苍白早落。

防治措施：成虫出蛰前清除落叶及杂草，减少越冬虫源。掌握在越冬代成虫迁入后，各代若虫孵化盛期及时喷洒25%速灭威可湿性粉剂600～800倍液，或10%吡虫啉可湿性粉剂2 500倍液。

叶片被害状

若 虫
（引自郭书普）

成 虫

桃 蛀 螟

学名：*Dichocrocis punctiferalis* Guenée。

分类：鳞翅目，螟蛾科。

分布：分布于国内大部分地区。

识别：

成虫：体长10毫米左右，翅展22～25毫米，黄至橙黄色，翅表面生大小不一的黑色斑点，似豹纹。

卵：椭圆形，长0.6毫米，宽0.4毫米。初产时乳白色，渐变枯黄色，后变为红褐色。表面粗糙，具有细密不规则的网状纹。

幼虫：老熟幼虫体长18～25毫米，体色多变，有淡褐、浅灰、浅灰蓝、暗红等色，腹面多为淡绿色。头、前胸背板和臀板褐色，身体各节具黑褐色毛状。

蛹：体长10～14毫米，纺锤形，黄绿至深褐色，腹末有6条臀刺，臀棘细长。

习性：在北方各省份1年发生2～4代，主要以老熟幼虫在干僵果内、树干枝杈、树洞、翘皮下、储果场、土块下及作物秸秆、玉米棒、向日葵花盘、蓖麻种子等处结厚茧越冬。成虫对黑光灯有强烈趋性，对糖醋味也有趋性，白天在叶背停歇，傍晚以后活动。初孵幼虫啃食花丝或果皮，随即蛀入果内，食掉果内籽粒及隔膜，同时排出黑褐色粒状粪便，堆集或悬挂于蛀孔部位，遇雨从虫孔渗出黄褐色汁液，引起果实腐烂。成虫喜欢在树叶茂密的桃树果实上产卵，主要为害早熟桃果。相对湿度在80%时，越冬幼虫化蛹率和羽化率均较高。

防治措施：每年4月中旬越冬幼虫化蛹前，清除果园内玉米等寄主植物残体，刮除果树翘皮，集中烧毁，减少虫源。利用杀虫灯、糖醋液或性诱剂诱杀成虫。在越冬代成虫高发期，可轮换使用3％甲氨基阿维菌素苯甲酸盐（甲维盐）水乳剂5 000～9 000倍液和5％氯氟氰菊酯水乳剂3 000～5 000倍液喷雾。

成　虫

幼　虫

被蛀果实

桑 白 蚧

学名：*Pseudaulacaspis pentagona*（Targioni-Tozzetti）。

分类：半翅目，盾蚧科。

分布：多数国家和地区均有分布。

识别：

雌成虫：介壳白或灰白色，直径2～2.5毫米，近圆形，略隆起。腹膜极薄，常遗留在植物上。壳顶点黄褐色，壳下虫体橙黄或淡黄色，扁椭圆形，长约1.3毫米。

雄成虫：介壳狭长，白或灰白色，蜡质状，背面有3条纵脊线。介壳长0.8～1毫米，壳点偏向前端，羽化后虫体橙黄或枯黄色，体长0.6～0.7毫米。有翅，前翅膜质，翅展约1.8毫米，后翅退化为平衡棒。

卵：椭圆形，长0.25～0.3毫米，初产粉红色，近孵化时变橘红色。

若虫：初孵若虫淡黄色，扁椭圆形，长约0.3毫米，分泌绵毛状蜡质物覆盖体背，蜕皮后的分泌物形成蜡壳。

蛹：仅雄虫有蛹，橙黄色，裸蛹。长约0.7毫米。

习性：若虫和雌成虫刺吸多年生枝汁液，主要为害二至三年生枝，严重时造成提早落叶，枝条干枯死亡，树势衰弱，被害枝布满雌成虫灰白色介壳和雄虫蜕皮时的白色粉状物。1年发生2代，以受精雌成虫在枝干上介壳下越冬。5月上中旬为产卵盛期，5月中下旬为孵化盛期。第一代若虫6月下旬开始羽化，盛期为7月上中旬。第二代若虫8月上旬盛发。第二代若虫有时也为害果实，在果面上产生分散的小红点，降低品质。

防治措施：结合冬剪剪除被害虫枝，消灭枝条上的越冬成虫。冬、春在发生量较小的情况下，人工用刷子刷除越冬雌成虫。5月中旬和8月上旬为卵孵化盛期，在这两个时期，分别连续防治2次。药剂可选用20%吡丙醚·甲氨基阿维菌素苯甲酸盐悬浮剂2 000倍液或10%吡丙醚乳油2 000倍液＋水动力3 000倍液，隔10天用1次。注意处于采收期的果园暂勿喷药防治，待采收后再防治。

植株受害状

雌成虫 树干受害状

桃红颈天牛

学名：*Anomia bungii* Fald.。

分类：鞘翅目，天牛科。

分布：主要分布于我国东北及北京、河北、河南、江苏等地。

识别：

成虫：体长24～37毫米，除前胸背部棕红色外，其余部分均为黑色。头、翅鞘及腹面有黑色光泽，触角及足有蓝色光泽。雄虫触角约为体长的1.5倍，雌虫触角比身体稍长。前胸两侧各有1个短小锐利的刺状突起。

卵：长椭圆形，乳白色，长径约1.5毫米。

幼虫：体长42～50毫米，黄白色。头部小，黑褐色，上颚发达，前胸背板呈宽阔扁平形，基部有暗褐色斑，胸足3对，不发达。

蛹：体长26～36毫米，淡黄白色，羽化前黑色。

习性：2～3年发生1代，以各龄幼虫在被害枝干皮层或木质部内越冬。芽萌动后幼虫开始为害。成虫发生期在6月上旬至7月下旬，6月下旬至7月中旬为发生盛期。成虫出孔后2～3天交尾，卵产在树皮缝处，卵期7～9天，孵化后幼虫蛀入皮层，2～3年后幼虫老熟化蛹，之后羽化为成虫。主要为害盛果末期和衰老期桃树的主干及大枝，是造成桃树死亡的主要害虫。低龄幼虫蛀食皮层，随虫龄增长逐步蛀食韧皮部并深入木质部。蛀道弯曲，内有粪屑，隔一定距离向外蛀一通风排粪孔，在主干基部排出粪屑。

防治措施：在6～7月，成虫羽化盛期人工捕杀成虫，发现排粪孔可用铁丝刺杀幼虫。成虫出现前在主干或主枝上涂白，以防产卵。清理树干上的排粪孔，向蛀孔灌注50%敌敌畏乳油800倍液或10%吡虫啉乳油2 000倍液，然后用泥封严孔口。

植株受害状

幼 虫

成 虫

皮层蛀道

排粪孔及粪便

康 氏 粉 蚧

学名：*Pseudococcus comstocki* (Kuwana)。

分类：半翅目，粉蚧科。

分布：广泛分布于美洲、欧洲、大洋洲和亚洲各地。

识别：

雌成虫：体长3～7毫米，扁椭圆形，体粉红色，表面被有白色蜡粉，体缘具17对白色蜡刺，腹部末端1对几乎与体长相等。

雄成虫：体紫褐色，体长约1毫米，翅展约2毫米，翅1对，透明。

卵：椭圆形，长约0.3毫米，浅橙黄色，数粒集中成块，外覆薄层白色蜡粉，形成白絮状卵囊。

若虫：初孵化时体扁平，椭圆形，浅黄色，体长约0.4毫米。

蛹：仅雄虫有蛹，体长约1.2毫米，淡紫色，触角、翅和足等均外露。

习性：在东北地区1年发生2代，在北京、河北、河南、山西、山东等地1年发生3代，均以卵产于枝干缝隙和附近土石缝等隐蔽处越冬。各代若虫孵化盛期分别为5月中下旬、7月中下旬和8月下旬。若虫发育期，雌虫为35～50天，雄虫为25～37天。雄若虫化蛹于白色长形的茧中。每头雌成虫可产卵200～400粒，卵囊多分布于树皮裂缝等处。成虫和若虫均可刺吸果树嫩芽、嫩枝和果实，以套袋果实受害最重，成虫和若虫群集于果实梗洼处刺吸汁液，被害处出现很多褐色圆点，其上附有白色蜡粉，斑点木栓化，组织停止生长。嫩枝受害处，枝皮肿胀，开裂，严重者枯死。

防治措施：保护和利用瓢虫、草蛉等天敌。冬季清除虫卵，减少虫源。8月上中旬是防治康氏粉蚧的关键时期，药剂可选用5%阿维菌素乳油2 000倍液，隔10天喷1次，连续防治2次。注意处于采收期的果园暂勿喷药防治，待采收后再防治。

果实受害状

成　虫　　　　　　　　　若　虫

茶　翅　蝽

学名：*Halyomorpha halys*（Stål）。

分类：半翅目，蝽科。

分布：广泛分布于我国各地。朝鲜半岛、日本全境均有分布。

识别：

成虫：体长12～16毫米，宽6.5～9.0毫米，体扁平，略呈椭圆形。体淡黄褐色、黄褐色、灰褐色、茶褐色等，均略带紫红色。触角黄褐至褐色，5节，第四节两端及第五节基部黄色。前胸背板前缘有4个黄褐色排列斑。小盾片有5个小黄斑，两侧的斑点明显。

卵：短圆筒形，直径0.7毫米左右，顶平坦，中央稍鼓起，周缘环生短小刺毛。卵初产时乳白色，接近孵化时变褐色。

若虫：初孵若虫体白色，近圆形。腹背有黑斑，体长约2毫米，胸部及腹部第一、二节两侧有刺状突起。

习性：在华北地区1年发生1～2代，以成虫在墙缝、石缝、树洞、草堆、室内、室外的屋檐下等处越冬。翌年5月中旬开始活动，6月中旬开始产卵，卵多产于叶背，常20余粒排列成一卵块。卵期4～5天，若虫孵化后，先静伏于卵壳周围或叶面，以后分散为害。成虫及若虫以刺吸式口器刺吸嫩梢和果实的果柄，使被害株的高生长或新梢生长量下降。为害果实，严重时被害果率可达25%以上，造成大幅度减产。

防治措施：越冬期捕杀越冬成虫。受害严重的果园，在产卵和为害前进行果实套袋。药剂防治可于越冬成虫出蛰结束和低龄若虫期喷45%马拉硫磷乳油1 000～1 500倍液。

成 虫

低龄若虫

高龄若虫

苹毛丽金龟

学名： *Proagopertha lucidula* (Faldermann)。

分类： 鞘翅目，丽金龟科。

分布： 在我国分布广泛，辽宁、河北、山东、山西、河南、陕西等省份均有发生。

识别：

成虫： 体长9～12毫米，宽6～7毫米，头、胸部古铜色，有光泽。除鞘翅和小盾片外全体被黄白色细绒毛，鞘翅光滑无毛，黄褐色，半透明，具淡绿色光泽。鞘翅上隐约有V形后翅，腹末露出鞘翅外。

卵： 椭圆形，初乳白色，后变为米黄色，表面光滑。

幼虫： 体长15毫米，头部黄褐色，胸、腹部乳白色，头部前顶刚毛各有7～9根，排成一纵列，后顶刚毛各10～11根，呈簇状。额中两侧各2根刚毛较长。胸足披细毛，5节，无腹足。

蛹： 裸蛹，初为白色，后渐变为黄褐色。

习性： 1年发生1代，以成虫在土壤中越冬。成虫3月下旬至5月中旬出土活动，为害盛期在4月中旬至5月上旬。幼虫于8月下旬潜入深土层筑室化蛹，9月下旬成虫羽化，翌年春开始出土活动。成虫最喜食果树花，具假死性，无趋光性。

防治措施： 利用成虫的假死性，于清晨或傍晚振树捕杀成虫。在成虫出土前，树下施25%辛硫磷微胶囊100倍液处理土壤。近开花前，果园常用菊酯类农药如20%甲氰菊酯乳油1 500～2 000倍液喷雾。

成　虫
（引自郭书普）

成虫取食为害
（引自郭书普）

黑绒鳃金龟

学名：*Maladera orientalis* Motsch.。

分类：鞘翅目，鳃金龟科。

分布：分布于我国东北、华北、华东部分地区及内蒙古、甘肃、青海、陕西、四川。

识别：

成虫：体长6～9毫米，宽3.5～5.5毫米，略呈卵圆形，背面隆起。全体黑褐色，被灰色或紫色绒毛，有光泽。头部有脊皱和点刻。触角黑色，9～10节，柄节膨大，上生3～5根较长刚毛。鞘翅上具纵刻点沟9条，密布绒毛，呈天鹅绒状。胸部腹面密被棕褐色长毛。腹部光滑，每一腹板具1排毛。臀板三角形，宽大，具刻点。腹部最后1对气门露出鞘翅外。

卵：椭圆形，长1.2毫米，初乳白色，后变灰白色，稍具光泽。

幼虫：老熟幼虫体长16～20毫米，头黄褐色，胸部和腹部乳白色，多皱褶，被有黄褐色细毛。肛腹片覆毛区的刺毛列位于覆毛区后缘，呈横弧形排列，由16～22根锥状刺组成，中间明显中断。

蛹：裸蛹，体长6～9毫米，初黄色，后变黑褐色。

习性：1年发生1代，以成虫在20～40厘米深的土中越冬。翌年4月成虫出土，4月下旬至6月中旬进入盛发期，5～7月交尾产卵，幼虫为害至9月下旬，老熟后化蛹，羽化后不出土即越冬，少数发生迟者以幼虫越冬。成虫白天潜伏在1～3厘米深的土表，夜间出土活动。入夏温度高时，多于傍晚活动，16时后开始出土，傍晚群集为害果树、林木、蔬菜及其他作物幼苗。成虫经取食交配产卵，卵多产在10厘米深土层内，堆产。成虫期长，为害时间达70～80天，初孵幼虫在土中为害果树、蔬菜的地下部组织，幼虫期70～100天。成虫具假死性，略有趋光性。

防治措施：参考苹毛丽金龟防治措施。

成　虫

成虫侧面观

成虫正面观

幼　虫
(引自郭书普)

白星花金龟

学名： *Protaetia brevitarsis*（Lewis）。

分类： 鞘翅目，花金龟科。

分布： 广泛分布于我国各地。

识别：

成虫： 体长17～24毫米，宽9～12毫米，椭圆形，具古铜色或青铜色光泽，体表散布众多不规则白绒斑。触角深褐色。复眼突出。前胸背板具不规则白绒斑，后缘中凹。鞘翅宽大，近长方形，遍布粗大刻点，白绒斑多为横向波浪形。臀板有绒斑6个，外露。

幼虫： 体长约30毫米，乳白色。

习性： 1年发生1代，以幼虫在腐殖质土和厩肥堆中越冬。成虫于5月上旬开始出现，6～7月为发生盛期，成虫白天为害花冠，使花朵谢落。7月逐渐转到果实上为害，造成果实坑疤或腐落。成虫白天活动，对果汁和糖醋液有趋性，具假死性，产卵于土中。幼虫多以腐败物为食，以背着地行进。

防治措施： 参考苹毛丽金龟防治措施。

成虫

成虫侧面观

成虫正面观

成虫群集为害
（引自郭书普）

幼 虫
(引自郭书普)

褐边绿刺蛾

学名：*Latoia consocia* (Walker)。

分类：鳞翅目，刺蛾科。

分布：广泛分布于我国各地。

识别：

成虫：体长15～16毫米，翅展约36毫米。触角棕褐色，雄虫栉齿状，基部2/3为短羽毛状，雌虫丝状。头和胸部绿色，复眼黑色。前翅大部分绿色，基部暗褐色，外缘部灰黄色，其上散布暗紫色鳞片。腹部和后翅灰黄色。

卵：扁椭圆形，长1.5毫米，初产时乳白色，渐变为黄绿至淡黄色，数粒排列成块状。

幼虫：末龄体长约25毫米，略呈长方形，圆柱状。头黄色，甚小，常缩在前胸内。腹部背线蓝色。胴部第二至末节每节有4个毛瘤，其上生1丛刚毛。背线绿色，两侧有深蓝色点。

蛹：长约15毫米，椭圆形，肥大，黄褐色。包被在长约16毫米的椭圆形茧内。

习性：在东北和华北地区1年发生1代，在河南和长江下游地区1年发生2代，在江西1年发生2或3代。

成虫夜间活动，有趋光性；白天隐伏在枝叶间、草丛中或其他隐蔽物下。幼虫孵化后，低龄期有群集性，并只咬食叶肉，残留膜状的表皮；大龄幼虫逐渐分散为害，从叶片边缘咬食成缺刻甚至吃光全叶；老熟幼虫迁移到树干基部、树枝分权处和地面的杂草间或土缝中做茧化蛹。

防治措施：结合冬季修剪，剪除在枝上越冬虫茧，或人工挖除在土中越冬虫茧。幼虫发生期可喷施50%马拉硫磷乳油、25%亚胺硫磷乳油、50%杀螟硫磷乳油、30%乙酰甲胺磷乳油、90%杀螟丹可湿性粉剂等900～1 000倍液。

初孵幼虫
（引自郭书普）

幼 虫
(引自郭书普)

蛹
(引自郭书普)

成 虫

下　篇
绿色防控技术

农业防治技术

"预防为主，综合防治"是病虫害防控工作一直遵循的植保方针，但由于病虫害防控工作的复杂性，一直未能真正贯彻到农业生产第一线，生产过程中病虫害防治仍以化学防治为首选措施，导致农产品中农药残留超标，并把有害物质带入生态系统，间接威胁到人类身体健康。

农业防治技术是指从栽培技术入手，使植物生长健壮，并为营造有利于天敌生物生存繁衍、不利于病虫发生的生态环境而采取的一类技术措施。主要包括：通过合理的农业措施培育健康的土壤生态环境、选用抗性或耐性品种、培育壮苗、平衡施肥、合理的田间管理、调控生态环境等。通过合理的农业措施培育健康的土壤生态环境，可以改良土壤的墒情、提高农作

桃树生长期

桃树花期

物养分的供给并促进作物根系的发育，从而增强农作物抵御病虫害的能力和抑制有害生物的能力。反之，不利于农作物生长的土壤环境会降低农作物对有害生物的抵御能力，同时，可能会使植物产生吸引有害生物的信号。

一、选用抗虫耐病品种

选用抗虫耐病品种是农业防治的第一环，也是农业防治的基础。桃在植物学上属于蔷薇科，桃属，桃亚属。桃亚属共有6个种，即桃、新疆桃、甘肃桃、光核桃、山桃、陕甘山桃。它们的共同特点是叶片均为椭圆披针形，核果。但它们的叶脉分支状态、鳞芽有无茸毛、核的类型、果肉特征等各不相同，这些都是鉴别种的主要依据。

适宜华北地区种植的主要品种有：

1. 白桃（大桃）　早熟品种包括早凤王、早玉、早美、春艳、春蜜、早霞露、春花、京春、霞晖1号、春美、春雪、雪雨露、秦捷、日川白凤、砂子早生、早凤王、锦香等。中熟品种包括大平顶、霞晖5号、早玉、仓方早生、霞晖6号、湖景蜜露、大久保、川中岛白桃、有名白桃等。晚熟品种包括华玉、燕红、八月脆、锦绣、晚湖景、晚蜜、秦王等。

2. 油桃　中油5号、瑞光18、瑞光19、瑞光22、瑞光27、瑞光28和瑞光29。

白　桃

油　桃

3. 蟠桃　美国红蟠、黄肉蟠桃、瑞蟠13、瑞蟠14、瑞蟠3号、瑞蟠16、瑞蟠17和瑞蟠18。

蟠　桃

4. 水蜜桃　早黄蜜、白凤、清水白桃、红清水、新川中岛、晚九号、加纳岩顶、离核脆、华玉（90934）、京蜜、莱山蜜和晚蜜。

水蜜桃

5.黄桃 佛雷德里克、燕丰、金童5号、金童6号、金童7号、金童8号和格劳核依文。

黄 桃

二、合理灌溉

根据桃树需水特点，强调灌水的合理性。灌水少会影响桃的正常生长和其产量质量；灌水多或灌水时间掌握不恰当，会影响桃的甜度和口感，严重的甚至会造成裂果、裂核等伤口，进而引起病虫害发生。合理灌水是指根据桃的生长特性和生产者的经验，主要保证萌芽至花前期、硬核期、果实膨大期及秋后冬前等主要时期对水分的需求。桃园的灌水，一般有萌芽水、花后水、膨大水、采后水、封冻水5个时期。具体的灌水时期应根据不同生育时期的需水情况、降水量多少和土壤性质等因素来确定。

1.操作规范

(1) 北方地区春季多干旱，早春3月底至4月初应灌好萌芽水。

浇萌芽水

（2）入冬季节如果天气干旱，11月应该灌好封冻水，以便使桃树安全越冬和减轻土壤的风蚀。

浇封冻水

（3）灌溉方式分为传统的漫灌、沟灌和微灌。漫灌往往耗水量大，水的利用率较低。微灌包括微喷灌、滴灌等，这些灌溉技术一般节水性能好，水的利用率较传统灌溉模式高，有条件的果园应尽量采取微灌。

漫　灌

微　灌

2. 注意事项

（1）开花期不宜灌水，否则会引起落花落果。花期如确实缺水，应适量喷灌。

（2）每次追肥后，都应该及时灌透水，但沙土地肥易流失，可以先灌水再施肥。其余时间，可根据天气情况适时适量灌水。

（3）油桃对水分更加敏感，常因水分分配不合理而引起裂果。如久旱不雨，骤然降水，尤其是在果实迅速膨大期出现这种情况，会发生严重的裂果现象，有时连阴雨也能够引起裂果。所以，水分的控制与调节，在油桃生产上显得更加重要。

三、平衡施肥

平衡施肥是通过测土配方施肥，培育健康植株。即采集栽培地土壤样品，分析化验土壤养分含量，按照作物需要营养元素规律，按时按量补充作物生长需要养分，为作物健壮生长创造良好的营养条件。包括施用充分腐熟的有机肥，氮、磷、钾复合肥料，微量元素肥料等，一般每生产50千克果，需施入基

配方肥

放射状沟施肥

穴施肥

肥50～100千克，纯氮0.4千克，磷0.3千克，钾0.5千克。桃树是浅根型果树，水平根发达，分布范围为树冠直径的1～2倍，垂直根不发达，在土层深厚的地区，根系主要分布在20～50厘米深的土层中。因此，肥料要施在根系分布的密集层或稍深处（即20～40厘米深处），便于根系充分吸收利用，并使其引根向下，促使枝叶繁茂。施肥的位置要随树冠的扩大而外移，从树冠边缘位置开沟向下，可用环状沟、放射状沟施或穴施。

1. 操作规范

（1）施基肥。秋季一般在9～10月施好基肥，肥料以有机肥为主，用量4～5米^3/亩。

施基肥

（2）施追肥。由于基肥的作用平稳而缓慢，所以在桃树生长季内，还需及时追施适量的速效性肥料，对新梢生长、提高坐果率、花芽分化、提高产量和增进品质都有良好的作用。追肥的次数、时期、用量等，必须根据品种、树龄、栽培管理制度以及外界条件等因素确定，一般分为：

①萌芽肥。在土壤解冻后施入。由于发芽、开花需消耗大量的储藏营养，为了提高坐果率和促进幼果、新梢以及根系的生长发育，应以追施速效性氮为主。

②硬核肥。此时种胚迅速发育，果实对营养元素的吸收开始逐渐增加，新梢旺盛生长并将为花芽分化做物质准备。所以，

施萌芽肥

施硬核肥

追肥应以钾为主，磷、氮配合，钾的用量应占全年总量的30%。早熟品种的氮、磷可以不施，中、晚熟品种的施氮量占全年氮总量的15%～20%，树势旺的可少施或不施，磷为20%～30%，钾约为40%。

③膨大肥。以钾肥为主，果实采收前30～40天每亩追施混

合肥22.5千克（尿素5千克、磷酸二铵2.5千克、硫酸钾15千克）。树势偏旺可不用尿素。也可每亩单施硝酸钾20千克左右。膨大肥氮肥用量不宜过多，否则刺激新梢生长，反而造成质量下降。膨大肥一般占施肥量的15%～20%。

施膨大肥

2.注意事项　应依据果园的土壤养分状况和种植品种的养分需求状况施肥，不能仅凭直觉或盲从别人，否则容易造成桃树生长需要的养分供应不上，不需要的养分还在过度补充。除造成资源浪费、成本增加外，桃树还会因缺素而抑制生长或因营养过剩而徒长，增加病虫害发生概率，影响产量和品质。

四、清园控害

冬季桃树进入休眠期，病虫害也停止活动，以各种不同菌体或虫态寻找合适的场所越冬。冬季清园要落实"剪、刮、涂、清、翻、药"等措施，降低桃树病虫害越冬基数，减轻翌年病虫危害。这项技术的实施，可以将病虫害防治关口前移，能有效压低桃树病虫越冬基数，降低第二年病虫害发生程度，减轻危害，而且用药极少，是桃树病虫害绿色防控的一项基本技术措施。

1. 操作规范

（1）在10月至翌年2月桃树休眠越冬期，需彻底清园。桃树落叶后结合冬季修剪，剪除带虫蛀、虫孔、虫卵和长势弱、发病严重的枝条，并及时打扫落叶、落果和树枝，清理树上、树下、园外、路边、市场的僵果，连同落叶、残枝、杂草、解除后的草把和布条集中埋入土中45厘米深度以下，或安全烧毁，减少病菌侵染源和降低越冬虫源，但应谨防火灾。

剪除带病枝条

清理带病菌僵果

清理树下杂草

清理桃园残枝

集中处理桃园残枝

（2）刮除桃树主干分枝以下的粗皮、翘皮，杀灭藏在其中的叶螨、苹小卷叶蛾等越冬害虫。对检查出的干腐病、根癌病、干枯病、缩叶病等病害，及时刮除病斑、病皮。刮除时不能过重，深度应控制在1毫米左右，刮后树干呈现黄一块绿一块，尽量不伤及树干木质部。刮时树下铺塑料膜，以便及时收集刮下的老翘皮、病皮。

刮除树干粗皮、翘皮

清除藏在翘皮下的害虫

刮除粗皮、翘皮后

(3) 枝干涂白。进入秋、冬季，桃树落叶后至土壤封冻前（10月下旬至11月底），在刮除病皮和粗皮后，对树干和大枝刷上涂白剂，重点涂抹幼树、树冠不完整的大树、病树树干的南面及大枝杈向阳处，预防桃树日灼病和冻害的发生，消灭在树干翘皮和裂缝中越冬的病虫。涂白剂的配制：按清水30份、生石灰8份、食盐1.5份，或清水20份、生石灰10份、20波美度石硫合

配制涂白剂

树干涂白

剂2份、食盐2份，充分搅拌均匀，涂白高度60～80厘米。

（4）深翻土壤。清扫桃园后至土壤封冻前，结合施肥，将桃树周围树冠下深翻20～30厘米，把病虫翻到地表上冻死或被鸟类吃掉。结合灌水，改变土壤的环境条件，破坏梨小食心虫、金龟子等害虫的越冬场所，减少越冬虫源。

深翻土壤

（5）药剂防治。分病斑涂药和树干喷药。对发现的桃树干枯病、腐烂病、木腐病等枝干性病害的病斑及时刮除后，选用代森

药剂防治

铵、辛菌胺醋酸盐等药剂按推荐用量进行涂抹；桃树落叶后至萌芽前，选用高效低毒的铲除性药剂如代森铵、多菌灵、毒死蜱等按照推荐用量，全树细致喷雾，直接杀灭枝干表面及树皮浅层定殖的病菌和越冬害虫。

2.注意事项

（1）结合农事操作，一旦发现病枝、病叶、病果，要及时清除并带出田园。

（2）涂白剂的浓度要合适，以涂上树干后不往下流又不黏团为宜，生石灰一定要溶化，避免烧伤树干。要用陶缸、木桶或塑料桶装料，忌用金属容器。

（3）涂白剂要随配随用，搅成稠状，涂白尽量均匀，不黏成疙瘩。涂刷时用毛刷或草把蘸取涂白剂，选晴天将主枝基部及主干均匀涂白。

五、果实套袋

1.操作规范

（1）套袋时间。疏果定果后进行套袋，时间应掌握在主要

果袋的种类

套 袋

蛀果害虫入果之前，一般在5月中下旬花后小果开始。

（2）套袋方法。将袋口连着枝条用线绳或铁丝紧紧缚上，专用袋在制作时已将铁丝嵌入袋口处。无论绳扎或铁丝扎袋口均需扎在结果枝上，扎在果柄处易压伤果实或造成落果。

（3）解袋时间。因品种和地区不同而异。一般采摘前1周或10天解开果袋，让果实着色。

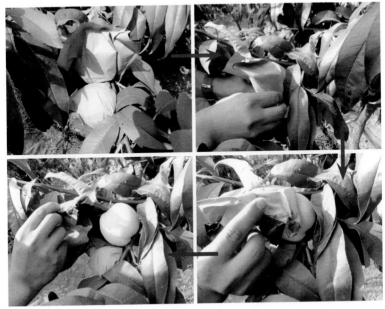

解 袋

（4）套袋后及解袋后管理。

①适度修剪。为使果实着色好，摘袋前后，疏除背上枝、内膛徒长枝，以增加光照度。

剪 枝

刚解袋的果实

解袋后的果实着色

②适度摘叶。摘袋后，要及时摘除影响果实着色的叶片。

2.注意事项

（1）套袋前要喷1次杀虫、杀菌剂。不易落果的品种及盛果期的品种先套袋，易发生落果的品种及幼树后套袋。

（2）解袋宜在阴天或傍晚时进行，避免桃果因突然受强光照射而发生日灼，也可在解袋前数日，先把纸袋底部撕开，使果实先接受散射光，逐渐将袋体摘掉。

（3）为减少果肉内色素的产生，用于罐藏加工的桃果，可以带袋采收，采前不必解袋。果实成熟期间雨水集中地区，裂果严重的品种也可不解袋。

（4）梨小食心虫发生较重的地区，果实解袋后，宜尽早采收，以防遇到梨小食心虫产卵高峰期而受该虫为害。

解 袋

生 态 调 控 技 术

　　任何一种生物的生存、适应与发展均离不开生态环境条件的制约。果园（桃园、苹果园、葡萄园等）作为一个典型的农业生态系统，病虫害的发生与果园生态环境条件之间存在密切的关系。近年来，果树病虫害发生频率剧增、重大病虫害发生危害程度加大、新病虫不断出现、已控制的危险性病虫害复发，主要原因之一是单纯依靠化学农药的防治理念和化学农药的不合理使用，致使果园生态环境遭受严重破坏，突出特征是果园生物多样性遭到破坏。自20世纪80年代中期以来，国外就开始了有机果品的生产，尤其是近20年来，欧洲、美国、澳大利亚、日本等地区十分重视有机果品的生产和消费。最近，美国许多州又制订了果园化学杀虫剂"减量化"使用计划，积极采用非化学防治技术，大力发展有机果品。我国果园害虫的控制过于依赖化学防治技术，严重忽视了生物多样性理论指导下的果园人工生草、人工生态庇护所建造、诱集植物应用等生态调控技术的应用。近年来，随着生态环境问题越来越突出和食品安全呼声的提高，绿色食品和有机食品的生产愈来愈受到重视，一些有利于优化果园生物多样性、减少化学农药使用的生态调控技术得以逐步应用。生态调控技术是以预测预报为依据，改善生态环境以农业防治为基础，配合物理防治技术，以消除病虫源为前提，以人工生产、释放有效天敌及使用生物农药为主导，以果园生草和生态庇护所建造为依托的综合技术体系。栖境操纵（也称栖境管理）是害虫管理的一项生态工程。该技术通过为天敌提供替代食料、花粉、花蜜及避难所，人为增加果园生物多样性，达到持续控制害虫的目的。近年来，欧美甚至非洲等地的许多国家对害虫生态调控技术的研究不胜枚举，许多技术已在生产中广泛应用。我国也在苹果园、柑橘园、桃园等进行了

果园生草

桃园绑草把

这方面的研究与应用，控制害虫效果颇佳。

农作物害虫生态调控与经典害虫综合防治具有若干明显不同之处：其一，生态调控的理论依据是生态学、经济学和生态调控论，通过系统结构、功能优化设计，用系统内在的调控机制取代单纯的化学防治，充分发挥生态系统内的自补偿、自调节、自稳定功能，将害虫危害限定在经济允许范围内。其二，生态调控的调控、管理对象是农田生态系统或区域性生态系统，而不是仅仅针对有害生物；在对农作物害虫有效防治、转化、利用的同时，使生态系统结构、功能不断优化，土地生产力持续提高，并向优质、高效农业方向演进。其三，生态调

瓢　虫

控使用的研究分析方法是系统结构、功能分析方法，而不限于害虫种群数量动态描述。充分利用农田生态系统内一切可以利用的物质和能量，特别是作物的抗性和天敌的捕食特性，综合利用各种农艺措施及害虫生态防治技术，而不限于害虫防治措施。其四，围绕生态农业、害虫生态调控，对各种技术措施进行组装、集成、优化，形成生态工程技术，使农业向高效、低耗和可持续发展的方向转变，而不是在化学防治基础上对各种防治措施进行组合和协调，仅仅把害虫控制在经济允许的范围之内。

生态调控技术是绿色防控中的一项重要内容，必须遵循充分保护和利用农田生态系统生物多样性的原则。利用生物多样性，可调整农田生态系统中病虫种群结构，设置病虫害传播障碍，调整作物受光条件和田间小气候，从而减轻农作物病虫害压力和提高产量，是实现绿色防控的一个重要方向。利用生物多样性，从功能上来说，可以增加农田生态系统的稳定性，创造有利于有益生物种群稳定和增长的环境，既可有效抑制有害生物暴发成灾，又可抵御外来有害生物的入侵。

一、果园生草技术

果园生草是一种先进的果园土壤管理和生态环境调控方法。19世纪中叶始于美国，我国在20世纪50年代作为绿肥栽培，90年代开始将果园生草作为绿色果品生产技术体系在全国推广，但实践中果园生草仍处于试验与小面积应用阶段。果园生草包括自然生草和人工种草。自然生草是指保留桃园内自生自灭的良性杂草，铲除恶性杂草。人工种草是指在桃园播种豆科或禾本科植物，并定期刈割，用割下的茎秆覆盖地面，让其自然腐烂分解，从而改善桃园土壤结构。果园生草栽培具有很强的生

桃园生草

态调节作用。首先，桃园生草种植白三叶草等豆科植物具有较好的固氮作用，能提高土壤有机质含量，改善土壤理化性状，增强土壤保水性和透气性。其次，桃园地面有草覆盖，可使夏季表层土壤温度下降6～14℃，冬季提高地表温度2～3℃，有利于促进桃树根系的发育。此外，桃园生草为天敌种群繁衍创造适宜的栖息和生存环境，可增加天敌的种类和数量。

1. 操作规范

（1）选择草种。应遵循耐寒、耐旱、耐阴、耐践踏、须根系、生态兼容等原则。果园生草种类一般有豆科类如白三叶草、紫花苜蓿、百脉根、沙打旺、紫云英、绿豆、黑豆、毛叶苕子等；禾本科类如鸭茅草、黑麦草、早熟禾、野燕麦等。一般一个果园播种一种牧草，也可与禾本科、豆科的草混种，如禾本科草与豆科草比例为2：1，或禾本科草与豆科草比例为1：1。

紫花地丁

黑麦草

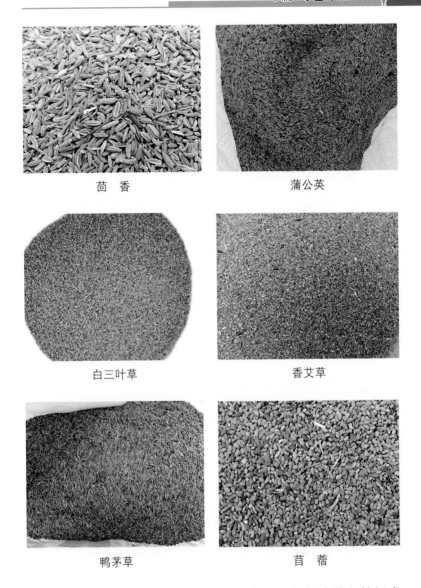

茴　香　　　　　　　　　　蒲公英

白三叶草　　　　　　　　　　香艾草

鸭茅草　　　　　　　　　　苜　蓿

　　（2）生草方法。果园生草分全园生草、行间生草和株间生草。在土层厚、土壤肥沃的成龄大树果园，宜全园生草；土壤瘠薄或幼树园，宜在行间生草，株间可清耕；年降水量少于500

行间生草

全园生草

毫米又无灌溉条件的果园不宜生草；高度密植果园不宜生草。

（3）播前整地。

①灌水。翻地前灌水节省水量，增加20～50厘米土层内土壤墒情，利于播种后的发芽生长。

②翻地。灌水后，天气晴朗的情况下，一般过1～2天即可翻耕，一般采用旋耕机进行，坡地施工难度会大一些，一般旋耕深度不小于20厘米。

旋耕机翻地

③平整土地。旋耕后立即组织人工平整土地，用铁耙等工具移除砖头、石块、树根等杂物，保持土壤墒情，为播种做好准备。

人工平整土地

整地后

机器条播

（4）播种方法。

①播种时间。一般以温度作为播种的最关键指标，平均温度高于10℃，低于35℃均可播种。春播一般为3～4月，秋播一般为9～10月。

人工撒播

②播种方式。分为条播和撒播。坡度大于45°、浇水困难、沙性太强的条件下建议采用条播并覆盖遮阳网及无纺布等进行保湿。正常土壤和平地，一般采用人工撒播的方式即可。

③播种流程。准备称重量具和细湿沙。分块播种，划分好每块面积，称取相应的种子，每块面积最好不要超过1亩，以

称量草种

便播种更加均匀。播种时，将种子混上3倍湿沙，分两次在规定面积内撒完，撒完后耙平。此项工作是为了保证大部分种子和土壤充分接触，播后20天大部分品种可出土，所以保证20天内一定要土壤湿润，以防风大致土壤风干而影响发芽。在此期间主要以喷灌为主。

浇冻水

（5）播后管理。

①浇冻水。冬前平均气温低于10℃时，即使冷季型的品种生长也已经停滞，而土壤又未上冻，是浇冻水的最佳时间。北方一般在11月中下旬。浇冻水可以保证宿根植物安全越冬，

提高第二年的返青率，同时对于自播品种也能起到很好的保护作用。一般保证表土向下20～40厘米为宜。

②返青水。一般在春季植物开始发芽前进行，北方一般在3月底至4月上旬。返青水可以大大提高一年生自播品种、二年生和宿根品种的返青率，所以须浇透。

③刈割。对于人工生草，多在果行间种植禾本科或豆科草种，每生长到25～30厘米时，进行一次刈割；对于自然生草，在除去果园有害杂草的基础上，保留果园中的普通禾本科草或其他矮干草，并在每次高度达到25～30厘米时，进行一次刈割，刈割后留草植株高度10厘米左右。全年刈割2～5次，生长快的草刈割次数多。割下的草首先覆在树盘内，起到保水作用，然后再逐渐腐烂成肥。

刈　割

2. 注意事项

（1）桃树行间、株间都可生草，可以将不同的草种搭配种植，形成单一生草、混合生草、间隔生草等方式，也可以利用果园自然生长的草，形成自然生草、人工生草、自然与人工结合生草等方式。

（2）果园草种应选择生长期短，吸收肥、水少，大量需肥，水期能与果树错开，地上部矮小，不影响果园通风透光，地下

人工生草桃园

刈割老化杂草

部根系浅，不与果树根系交织，与果树没有共同病虫害，能提高土壤肥力的品种。如豆科植物，不但植株矮小，而且根上有根瘤菌，能把空气中的氮固定到土壤中来，供果树使用。

（3）人工生草应该考虑种植后能自然过冬的品种，以便减少每年重复生草的成本。

（4）生草3～5年后，草便开始老化，这时应及时翻压，注意将表层的有机质翻入土中。

二、建造天敌庇护场所

保护和应用有益生物是绿色防控必须遵循的重要原则。通过保护有益生物的栖息场所，可明显提高有益生物抗御逆境的能力，促进其生长、繁育，从而维持和增加农田生态系统中有益生物的种群数量，达到自然控制害虫的效果。

1. 为有益生物建立繁衍走廊或避难所　人工生态庇护所可以建造成穴式、沟式，内部填放砖瓦石块，或者填埋作物秸秆，使其形成温、湿度相对稳定的微生态环境，有利于天敌昆虫的栖

草蛉卵

草蛉成虫

瓢虫卵

瓢虫成虫

树干基部捆草把

息、避敌、交配繁殖、捕食等活动。如为了保护果园蜘蛛、小花蝽、瓢虫等天敌，可采用树干基部捆草把或种植越冬作物、园内堆草或挖坑堆草等，人为创造越冬场所，供其栖息，以利于天敌安全越冬。

2. 筛选种植吸引天敌的寄主植物、蜜源植物，将周围环境（农田、丘陵、山区）植被上的瓢虫、草蛉、食蚜蝇、螳螂及蜜

桃园种植二月兰

蜂等天敌吸引至果园，使之定殖并建立种群。在果园生态系统内，通过增加地面植被覆盖和植物种类即植被多样化，增加果园天敌的种类和数量，是实现果园害虫生物控制的有效手段。目前在果园种植的植物种类以紫花苜蓿、白三叶草、小灌花、

桃园种植夏至草

桃园种植大蒜

桃园种植叶菜

毛叶苕子等豆科牧草为主，其次还有夏至草、扁茎黄芪、鸭茅草、百脉根、沙打旺、无芒雀麦和黑麦草等草本植物。这些间作的草本植物不仅可以改良土壤理化特性，增加有机质，防止水土流失，抗寒抗旱，而且给多种天敌昆虫提供了充足的蜜源及良好小生境，缓解了天敌相对害虫在发生时间上滞后的问题，在一定程度上也增强了果园生态系统对农药的耐受性，扩大了生态容量，因此生境植被多样性对于保护果园昆虫群落多样性，扩大和丰富天敌种类和数量起到了不可低估的作用。

3. 采用对有益生物种群影响小的防治技术来控制病虫害　保存天敌数量，以增加果园害虫天敌的生物多样性，优化果园生态系统，增强天敌的控害能力。在天敌高峰期避免使用化学农药，如麦收期天敌向果园转移时不喷广谱杀虫剂，使用选择性药剂防治害虫；防治叶螨、蚜虫不使用菊酯类农药，或采用局部用药的方式为天敌保留庇护所。

4. 采用保护性耕作措施　例如在冬闲田种植苜蓿、紫云英等覆盖作物可以为天敌昆虫提供越冬场所。

三、草把及诱虫带使用技术

1.草把的使用规范

（1）绑扎时间。根据病虫害的预测预报，在越冬老熟幼虫下树前全部绑完。

（2）绑扎方法。草把高度在主干基部，以便于操作为宜。草把上端疏松，下端扎紧。草把可选用稻草、玉米秸秆、玉米皮、杂草等适宜幼虫越冬的材料，厚度需在5厘米以上。

（3）解除时间及处理方式。害虫完全越冬休眠后到出蛰前解除草把，解除后要集中烧毁或深埋，以消灭越冬虫源。

2.诱虫带的使用规范

（1）绑扎时间。在北方果区，叶螨等小型害虫一般在8月上中旬即陆续开始越冬，其他害虫可延续到果实采收前后进入越

人工绑草把

冬，诱虫带在树干上的诱虫时期主要为8～10月，因此，8月是绑扎诱虫带的最佳时间。

（2）绑扎方法。绑扎时将诱虫带绕主干一周，对接后用胶布或胶带固定在果树第一分枝下5～10厘米处。害虫寻找越冬

诱虫带

人工绑扎诱虫带

场所时一般会沿树干爬下来，所以第一分枝以下是害虫寻找越冬场所的必经之路，可诱获越冬的害虫。诱虫带绑扎后要定期检查，胶带松动、瓦棱纸孔道阻塞或吸水变软，都要及时修补、更换，以确保诱集害虫的效果。

（3）解除时间及解后处理。一般待害虫完全越冬休眠后到出蛰前（12月至翌年2月底）进行解除。诱虫带解除后要集中销毁或深埋，以消灭越冬虫源。切忌胡乱丢弃，以防害虫逃逸，再次为害果树，同时注意诱虫带第二年不能重复使用。

理 化 诱 控 技 术

理化诱控技术是指利用害虫的趋光、趋化性，通过布设灯光、色板、昆虫信息素、气味剂等诱集并消灭害虫的控害技术。2009年，全国理化诱控技术应用面积达459万公顷次，重点推广昆虫性信息素、杀虫灯、黄板等理化诱控技术。

一、色板诱虫

利用昆虫的趋色（光）性，制作各类有色黏板在害虫发生前诱捕部分个体以监测虫情，在防治适期诱杀害虫。为增强对

黏虫黄板

黏虫蓝板

桃园中应用黄板

靶标害虫的诱捕力，可将害虫性诱剂、植物源诱捕剂或者性信息素和植物源信息素混配的诱捕剂与色板组合。一般情况下，习性相似的昆虫对色彩有相似的趋性。蚜虫类、粉虱类趋向黄色、绿色；叶蝉类趋向绿色、黄色；有些寄生蝇、种蝇趋向蓝色；有些蓟马类偏嗜蓝紫色、黄色；夜蛾类、尺蛾类对暗淡的土黄色、褐色有显著趋性。色板诱捕的多是日出性昆虫。

1. 使用规范

（1）色板制作。农户可利用现有材料自制色板。自制的方法是利用废旧的塑料板或硬纸板，裁成面积约20厘米×30厘米、20厘米×40厘米、10厘米×20厘米、20厘米×20厘米或30厘米×30厘米等，板两面均匀涂布一层无色无味的黏虫胶（如无黏虫胶可用黏鼠胶代替），胶上覆盖防黏纸，田间使用时，揭去防黏纸并回收。也可将木板、塑料板或硬纸箱板等材料涂成需要的颜色后，再涂一层黄油或机油制作成简单色板，色板上可以镶嵌或悬挂性诱芯。有条件的农户可购买色板成品。

（2）色板放置。桃园主要在春、夏期间，蚜虫危害严重，

色板悬挂位置

因此通常在春季成蚜始盛期、迁飞前后，使用油菜花黄色的黏板，色板上附加植物源诱捕剂更好。色板悬挂于树冠外围朝南中间部位，每一到两棵树挂一张。

2.注意事项

（1）色板虽具有良好的持效性，但仍应随时注意黄板上害虫密度，以便在必要时及时更换，确保黄板的诱集效果。

（2）根据害虫的预测预报结果，掌握成虫的发生高峰期。

（3）黄板在害虫开始发生时使用，效果最佳。

二、杀虫灯诱杀

杀虫灯是利用昆虫对不同波长、波段光的趋性进行诱杀，有效压低虫口基数，控制害虫种群数量，是重要的物理诱控技术。

1.使用规范

（1）杀虫灯的布局。总体而言，选择地域开阔、透光良好、没有遮挡物、避开照明灯直射干扰、离电源近的地方设立杀虫灯安装点。根据桃园实际地形和面积，杀虫灯可分为棋盘式、闭环式和小"之"字形3种方式布局。棋盘式布局交流电供电式杀虫灯两灯间距160米左右，单灯控制面积30亩左右；太阳能灯两灯间距300米左右，单灯控制面积60亩左右。闭环式布局主要针对某块危害较重的区域，防止害虫外迁或做试验需要，杀虫灯间隔200～240米为宜。小"之"字形布局主要应用在地形较狭长的地方。一般以单灯辐射半径100～120米来计算控制面积，以达到节能治虫的目的。

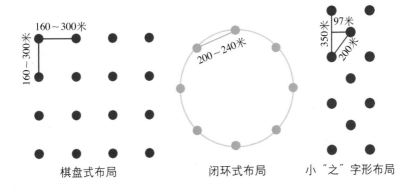

棋盘式布局　　　　　　闭环式布局　　　　小"之"字形布局

桃园应用杀虫灯

（2）杀虫灯的安装。杀虫灯电源为220V电压，电压波动范围要求在±5%之内。杀虫灯的安装方法有横担式、杠杆式、三脚架式、吊挂式等。用独立的木杆或铁管或水泥柱作灯架，埋入土中0.5～1米将灯架竖立，将灯挂牢，固定在灯架上。灯架竖立后高度要求超过树冠高度1～1.5米，杀虫灯固定后，要求其下缘距树冠高度0.5米左右。频振式杀虫灯安装过程中，需用手捂住光控器杀虫灯结构，灯管发光，松开即灭，反复几次。

桃园安装杀虫灯

调试杀虫灯

另外，用螺丝刀轻触高压电网，使两根相连，造成短路，发出电火花，说明安装无误，安装才算完毕。

（3）桃园杀虫灯的使用和维护。

① 杀虫灯的使用。杀虫灯的使用一般在4月底，害虫越冬代成虫或第一代成虫发生前开始安装使用，10月底入冬时结束使用。非光控

杀虫灯诱杀效果

杀虫灯每天傍晚开灯，清晨关闭，开灯适宜时间为19～24时。频振式杀虫灯使用过程中，要经常清理高压电网和灯管，每周至少两次用刷子将电网、灯管上的虫体、污物等刷干净，保持清洁，提高诱杀效果。特别是6～8月诱杀高峰期，诱杀虫量

清洁杀虫灯电网

大，每天都要清洁电网和灯管并清除接虫袋中的虫残体。此外，要设专人管理杀虫灯，保证杀虫灯正常使用。为节省电力及提高杀虫效果，在连续阴雨或雷电天气条件下，应关闭杀虫灯，防止触电，保证人畜安全。

清除接虫袋中的虫残体

②杀虫灯的维护。进入冬季，进行杀虫灯保养维护。切断电源，检查电源线路是否完好；摘下灯体，刷净杀虫网，擦净灯的外表，卸下集虫袋，洗净、晾干，与灯体一起入库妥善保管。早春季节，检查电源线路，更换老旧电线，保证线路的畅通和完好；检查杀虫灯各部位是否完好，擦净杀虫灯外表，刷净杀虫网，做好使用前的准备。

2. 注意事项

（1）杀虫灯在野外使用时，由于环境条件恶劣，情况复杂，为保护人身安全，电源线接入处要加装防漏电保护器。

（2）杀虫灯使用过程中，要定期检查，定期清除虫残体，始终保持电网和接虫袋干净才能发挥杀虫作用。

杀虫灯入库

检查线路

防漏电保护器

桃园应用杀虫灯

（3）杀虫灯必须多盏成群使用，发挥群体作用，才能明显减轻害虫的危害，因此杀虫灯要合理布局。

（4）使用杀虫灯短期内看不出防治效果，必须连续多年使用，累计杀虫数量多了才能显示出明显效果。

三、昆虫性信息素诱控

1.性信息素诱杀害虫技术使用规范

（1）性诱剂在北京地区主要应用的有梨小食心虫、苹小卷叶蛾、桃潜叶蛾，一般在害虫始发期使用，每亩3～5个为宜，距离地面1.8米。1～2个月更换一次。安装不同害虫的诱芯时，需要洗手，以免污染。

桃园应用性诱捕器

（2）性诱捕器可以重复使用。性诱捕器种类很多。一种是黏胶性诱捕器，将黏性好、不易干的黏胶涂在硬纸板或塑料板上，有船形、三角形等，其使用方便，但费用较高。也可用水盆自制，虽然不如黏胶性诱捕器方便，但材料易得，费用低。简单制作方

性诱捕器

船形性诱捕器诱杀效果

法：选口径25厘米左右塑料盆，沿盆边均匀钻3个3毫米大小的孔，用3根铁丝拴在3个孔上保持盆的水平，将诱芯用细铁丝穿牢，悬挂于诱捕盆中央，诱芯下沿与诱捕盆口面齐平，以防止因降雨盆满而浸泡诱芯。盆内加入0.2%的洗衣粉水，起黏着作用。

人工制作水盆性诱捕器

水盆性诱捕器诱杀效果

添加洗衣粉液

2.**性信息素迷向诱杀害虫技术使用规范** 在监测到第一头梨小食心虫时悬挂第一批迷向丝，2个半月后悬挂第二批。悬挂方法：外围的3排桃树，每棵桃树悬挂4根迷向散发器，中间每棵树悬挂1～2根。将迷向散发器绑系在桃树枝上，位置在树冠离树顶的1/3处，且距地面不低于1.7米，悬挂时交叉悬挂。

桃园应用性信息素迷向诱控梨小食心虫

3.**注意事项**

（1）由于性信息素的高度敏感性，安装前需要洗手，以免污染。

（2）性信息素诱芯使用前应在冰箱内保存，保质期两年，一旦打开包装袋，最好尽快使用所有诱芯。

（3）性信息素引诱的是雄成虫，所以诱芯及配套诱捕器应在成虫扬飞前悬挂。

四、糖醋液诱杀

1.**糖醋液的配制** 其配制方法是：取1份红糖、4份醋、1

份酒和16份清水,倒在一起,充分搅拌混匀后即可使用。将配好的糖醋液放置容器内(瓶或盆),以占容器体积1/2为宜。一般是配好后放入塑料桶内随用随取。糖醋液应现用现配,用多少配多少,以免降低气味影响诱杀效果。

配制糖醋液

2.糖醋液的使用　每亩5～6盆,将塑料盆悬挂在树上树叶比较密集的位置,离地面高度为1.5米左右。盆内倒入半盆糖醋液,根据天气情况适时添加,以保持稳定的糖醋液量。害虫危害季节气温较高,蒸腾量大,应及时添加糖醋液和清除虫尸。诱杀的适宜时间从4月上旬开始,直到连续3天诱不到主要害虫成虫为止。树上用完后,糖醋液不能直接倒入土壤,要埋入地下,否则会诱来周围的蚂蚁。

桃园应用糖醋液

糖醋液诱杀效果

清除糖醋液中的虫体

添加糖醋液

3. 注意事项

（1）加大容器口径。糖醋液是靠挥发出的气味来诱引害虫的，盛装糖醋液的口径越大，挥发量就越大，所以盆口应是直

不同颜色的诱捕盆

敞开或向外敞开的，这样便于害虫的扑落，增加诱虫量。

（2）改变诱捕盆颜色。害虫对颜色有一定的辨别能力，利用容器的颜色来诱引可以起到双重的效果。通常害虫最喜食花朵，其次是果实，叶再次之。把容器颜色模拟成花或果实的颜色，诱杀的效果就可成倍提高。

（3）正确的悬挂位置。盆悬挂的位置对诱虫效果也有一定的影响。需挂于树冠外围的中上部无遮挡处，这样容易被远距离的害虫发现。

（4）注意风向。需挂在当地常刮风向的上风方向，或注意经常按风向移动容器的位置。

糖醋盆悬挂位置

生 物 防 治 技 术

　　生物防治是指用生物或生物代谢产物来控制病、虫、草的技术，它是植物保护中不可缺少的组成部分。现代科技的发展

瓢虫取食蚜虫

桃园应用捕食螨

使生物防治技术更加丰富，近年来有学者把转抗虫、抗病基因植物也列入生物防治范畴。由于生物防治主要是运用自然界生物相生相克的原理，人为地增多原本在自然界中存在的对病虫草害有相克作用的生物，用以控制有害生物的危害，故具有较小的环境风险，是一种对环境友好的植保技术。

发达国家生物防治技术在粮食、蔬菜、水果和观赏植物生产中的应用率很高，欧洲的部分地区应用率达到50%以上，温室病虫防治应用率在80%以上，如荷兰80%以上的温室释放天敌昆虫和传粉昆虫，露地果园普遍采用性诱剂防治害虫。在生物防治产业化方面，发达国家处于领先地位，丰富多样的生物防治产品及其完善的市场供应网络同时也推动了生物防治技术的研究和应用，现在世界上有170多种天敌昆虫被商业化生产和销售，其中捕食螨有26种，瓢虫有24种，草蛉有6种，寄生蜂有93种，捕食蝽有19种，捕食性蓟马2种，双翅目有6种，螳螂目有2种。仅在欧洲，就有125种天敌被大量生产、运输和释放。

国外生物防治产业化企业

我国对生物防治一直都很重视，经过多代科技人员的努力，全国生物防治技术整体水平基本达到国际先进水平，某些领域已处于国际领先，但与发达国家相比，全面应用生防技术控制病虫害方面仍有相当大的差距。究其科技原因，主要是对已获

天敌生产车间

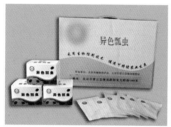

天敌产品

单项成果的生防技术的集成和大规模应用的配套技术缺乏研究，再则是对昆虫天敌的利用只注重大量繁殖技术、释放技术的研究，而对天敌作为一个生防制剂所需要的包装技术、储存技术、安全运输技术等商品化技术研究甚少。因此室内所繁殖的大量天敌无法适时、安全地到达田间发挥实际作用。目前，国内对病虫害混合发生的复杂农田环境或温室环境，尚缺乏像北欧或

瓢　虫

北美一些国家供种植者使用的多种天敌和较多的生物农药品种的整套生防技术。当前，我国的天敌昆虫产业化还处在起步阶段，真正的专业生物防治技术服务公司寥寥无几，而且业务较难开展，效益不佳。天敌昆虫的生产和推广应用工作大多依附于有关大专院校、科研单位和技术推广部门。

目前北京市平谷区重点推广应用以虫治虫、以螨治螨、以菌治虫、以菌治菌等生物防治关键措施，加大赤眼蜂、捕食螨、绿僵菌、白僵菌、苏云金杆菌（Bt）等成熟产品和技术的示范推广力度，积极开发新型生物农药。

一、天敌昆虫的应用

1.瓢虫应用规范

（1）清园。在释放瓢虫前5～10天，对释放地块进行1～2次全面彻底的病虫害防治，既可压低蚜虫的虫口基数，也可兼防其他害虫，同时消灭病原，确保释放瓢虫后可以长时间不需进行化学防治，为瓢虫在田间的生长繁殖营造一个好的外部环境。

瓢虫的生活史

（2）释放时期。不同地区要根据蚜虫的发生规律，选择适宜的瓢虫释放时间，推荐在蚜虫发生初期进行释放，可以达到非常好的防治效果。

（3）释放数量。释放瓢虫的地块应以蚜虫为主，释放成虫时整袋挂置，释放幼虫时可挂置或撒施，建议用量为10袋/亩。连年释放瓢虫的地块可视田间具体情况，确定释放次数和单位面积内的释放量。

（4）释放方法。打开包装，指示释放口向上，将包装固定在不被阳光直射、距叶片较近的枝杈处。

人工释放瓢虫

（5）注意事项。

①运送过程中需用专用运输工具，严禁与农药等有毒化学品同时运送。

②产品运达后尽量立即使用，减少储存时间。产品质量会随储存时间的延长而下降。

③晴天、多云天气16时后释放，阴天可全天释放，雨天或降雨前期不宜释放。

④释放瓢虫后，尽量不打或少打农药，但当其他病虫暴发，非打不可时，应选择对瓢虫毒性较低的农药。

2.赤眼蜂应用规范

（1）清园。在释放赤眼蜂前15～20天，对释放地块进行1～2次全面彻底的病虫害防治，既可压低害虫的虫口基数，消灭病原，确保释放赤眼蜂后可以长时间不需进行化学防治，为赤眼蜂在田间的生长繁殖营造一个好的外部环境。

（2）放蜂时间。在放蜂技术中最重要的就是要抓住放蜂时

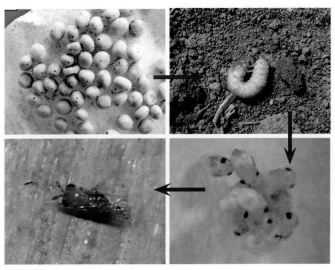

赤眼蜂的生活史

机。释放的过程中要求害虫在整个落卵期内不间断地均有赤眼蜂成虫存在，使之能够在害虫卵上寄生，两者的吻合程度越高越好。初次放蜂应掌握在害虫产卵始期或始盛期为好。

（3）释放数量。放蜂次数应以使害虫一代成虫整个产卵期间都有释放的蜂或其子代为准。以防治第一代卵为主，每株果树上挂1块卵卡即可，此卵卡要挂于树冠内大枝阴面，以防日晒，否则因中间寄主卵壳干缩变硬，赤眼蜂不易羽化咬出。每5天放蜂1次，共放蜂2～3次。

（4）释放方法。放蜂虫态以蛹后期为宜。把将要羽化出蜂的卵卡，按计划布点数把卵卡撕成小块，反钉在树干上。挂的位置以树干迎风方向，举手高度为好。

（5）注意事项。

①要准确掌握赤眼蜂卵发育进度，不要过早或过晚释放，

人工释放赤眼蜂

最好掌握在卵开始孵化前1～2天释放。

②赤眼蜂卵不耐储存，不要与农药、化肥混放，防止阳光直射，避免雨水直接冲洗。

③放蜂时如遇小雨，可继续放蜂，如遇大雨，将蜂放在阴凉黑暗处平摊，雨后立即放蜂。

3．其他天敌昆虫

（1）螳螂。螳螂可以灵敏地捕捉苍蝇、甲虫、蛾类、蝗虫等害虫，是完全食肉昆虫，而且要吃活昆虫。

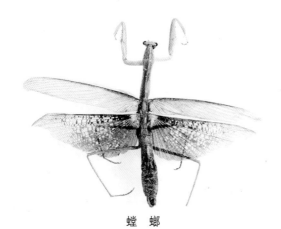

螳 螂

（2）草蛉。草蛉的成虫能把蚜虫一口活吞，一只幼虫在幼龄期能吃掉800多头蚜虫。草蛉除了捕食蚜虫以外，还捕食叶螨、叶蝉、介壳虫等。

（3）蜘蛛。蜘蛛也是害虫的重要天敌。农林蜘蛛种类很多，我国稻田蜘蛛有280余种，棉田和橘园蜘蛛各有150余种，茶园蜘蛛有190种，森林蜘蛛有140余种，草原蜘蛛有120余种，菜地蜘蛛有70余种。蜘蛛的种类繁多，捕食害虫的数量最大。推广保蛛治虫，不仅节省农药和防治用工，还可生产出无公害优质果品，可谓一举两得。

草 蛉

蜘 蛛

二、有益螨的应用

1.使用规范

（1）清园。在释放捕食螨前15～20天，对释放地块进行1～2次全面彻底的病虫害防治，既可压低害螨的虫口基数，也可防治其他害虫，同时消灭病原，确保释放捕食螨后可以长时间不需进行化学防治，为捕食螨在田间的生长繁殖营造一个好的外部环境。

（2）释放时期。不同地区要根据害螨的发生规律，选择适宜的释放时间，推荐在害螨发生初期进行释放，可以达到非常好的防治效果。

（3）释放数量。在以害螨为主的地块释放捕食螨，果树整袋挂置，建议用量每株果树1袋，连年释放捕食螨的地块可视田间具体情况，减少释放次数和单位面积内的释放量。

（4）释放方法。用剪刀在装有捕食螨的缓释袋两侧旁各剪开一小口（2～3厘米），然后用大头针或曲别针将缓释袋固定在不被阳光直射的枝杈处。

2.注意事项

（1）有益螨运送过程中需用专用运输工具，严禁与农药等有毒化学品同时运送。产品运达后立即使用。

（2）运达后必须保存时，需低温（5～10℃）并避免强光直射，尽量减少保存时间。

人工释放捕食螨

（3）晴天、多云天气16时后释放，阴天可全天释放，雨天或近期有大雨不可释放。

（4）释放捕食螨后，尽量不打或少打农药，但当其他病虫害突发，非打不可时应选择对捕食螨毒性较低的农药。

三、微生物杀虫剂的应用

1. 苏云金杆菌（Bt）应用规范

（1）使用方法。Bt主要有可湿性粉剂、乳剂及水分散剂3种，可喷雾、喷粉、泼浇、液剂灌心、撒粉等。

（2）使用时间。对鳞翅目幼虫有较强的杀灭作用，使用时间为鳞翅目害虫幼虫发生期。

（3）使用剂量。每毫升（毫克）含2 500国际单位（IU）苏云金杆菌，约100亿活芽孢/毫升（毫克），每亩施用500～750毫升（克）；每毫升（毫克）4 000国际单位（IU）苏云金杆菌，每亩施用250毫升（克）；每毫升（毫克）8 000国际单位（IU）苏云金杆菌，每亩施用50～150毫升（克）；每毫升（毫克）16 000国际单位（IU）苏云金杆菌，每亩施用25～50毫升（克）。

苏云金杆菌产品

2. 昆虫病毒的应用规范

（1）使用方法。常见类型为核型多角体病毒和颗粒体病毒等杆状病毒，一般进行喷雾。

（2）使用时间。鳞翅目害虫产卵盛期。

（3）使用剂量。50亿PIB/毫升棉铃虫核型多角体病毒悬浮液、30亿PIB/毫升甜菜夜蛾核型多角体病毒悬浮液、300亿OB/毫升小菜蛾颗粒体病毒悬浮液，均以500～750倍液喷雾，水分散剂以5 000倍液喷雾。施药前先用少量水调成母液，再按相应浓度稀释，均匀喷洒。

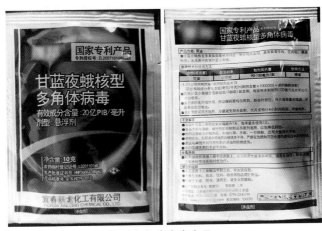

核型多角体病毒产品

3.病原真菌的应用规范

（1）主要种类。有白僵菌、绿僵菌、拟青霉、座壳孢菌、多毛菌等，其中以白僵菌应用规模最大，其次是绿僵菌。

（2）使用方法。白僵菌剂型有油剂、乳剂、颗粒剂、微胶囊制剂、粉剂与可湿性粉剂、黏胶制剂等，一般有喷雾和喷粉两种使用方法。

（3）使用时间。白僵菌对害虫的致病力受温度、湿度、菌浓度、萌发率和寄主发育进度等多种因素的影响。其中湿度是限制因子。温度25～30℃、湿度95%～100%是白僵菌孢子萌

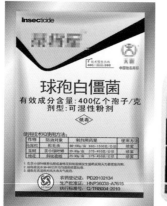

白僵菌、绿僵菌产品

发的最佳温度和湿度，使用时间为鳞翅目害虫幼虫发生期。

（4）使用剂量。

①喷雾法。将菌粉用水稀释配成菌液，每毫升菌液含孢子1亿个以上，均匀喷洒在虫体和枝叶上。

②喷粉法。将菌粉加入填充剂，稀释成1克含活孢子1亿个以上的浓度，用喷粉器喷菌粉。

4. 注意事项

（1）使用时间。生物农药多为迟效型，所以施用时间应比使用化学农药提前数天，具体提前时间以每种生物农药的特性为准。

（2）空气湿度。生物农药随环境湿度的增加，效果也明显提高。所以，必须在有露水时喷施生物农药才有理想的效果。

（3）光照度。太阳光中紫外线对生物农药中的活性物质有着致命的杀伤作用。因此，生物农药一般要选择在10时以前、16时以后，或阴天等天气时喷施。

（4）环境温度。生物农药在喷施时，务必掌握气温在20℃以上时。据试验，在温度25～30℃条件下，喷施后的生物农药效果要比10～15℃的杀虫效率高1～2倍。另外，还要注意除明确注明允许种类外，尽量不要与其他药剂混用；储存时应放置于阴凉、黑暗处，避免高温或曝光，远离火源；要随配随用，避免长时间放置。

农 药 使 用 技 术

使用农药控制有害生物的危害，是现代农业的一个显著特征，随着农业生产科学化进程的日益加速，农业生产对农药的依赖越来越大，与此同时，农药带来的负面效应也是不可忽视的，一方面是因农药残留引起的食物中毒和农药使用不当造成的人畜中毒，另一方面是因使用农药造成的环境污染等。实施绿色防控，必须遵循科学的农药使用原则。科学使用农药的重要意义体现在以下几方面：

1. 减少农药残留与防止农药污染 农药残留是指农药使用

果园施药

后残存在生物体、农副产品、环境中的病原体和有毒代谢物、降解物和杂质的总称。农药残留可造成污染，危害农畜产品和环境，高残留的农药造成的污染会相当严重。农药残留主要由直接施药引起，也可由吸收环境中的农药或通过食物链富集造成。在农药使用时遵守施药行为规范，则农药残留的污染可以得到有效控制。我国制定的规范主要包括两方面的内容：一是农药安全使用规定，它规定农药许可使用的范围；二是农药合理使用准则，它规定如何使用农药才能保证农产品中农药残留不超过限量。

2. 避免产生农作物药害　科学使用农药，能有效控制病虫害发生，确保农产品增产，提高农产品质量。但如果用药不当，可能会出现药害。药害是指农药使用后，对作物产生的损害，是农药施用到作物上所产生的不良作用，或在土壤中的残留对后茬作物的不良影响。

《农药安全使用技术指南》封面

3. 减轻对天敌的伤害和防止害虫再猖獗　在使用农药时，环境中往往存在很多非靶标生物，农药对它们同样会产生毒害作用。不适当地使用农药，容易导致害虫后代的抗药性不断增强，从而引发害虫大暴发，这种现象叫做害虫的再猖獗。农业害虫发生再猖獗是害虫防治中的普遍现象。涉及的害虫主要类群有螨类、半翅目、鞘翅目及鳞翅目昆虫。但

桃园药害

主要集中在半翅目昆虫中的飞虱、蚜虫以及螨类。诱导害虫再猖獗的药剂种类很多，主要农药类型包括有机磷、氨基甲酸酯类、菊酯类、新烟碱类杀虫剂（如吡虫啉）等。

4. 延缓和减轻有害生物抗药性的发生　农药的抗药性是指

不当用药毒害天敌

被防治对象对农药的抵抗能力。有害生物的抗药性是随着农药的使用而发生的，抗药性是一种微进化现象，它的发展不像种群增长那样立即表现出来，只有在防治失败时才能察觉。抗药性可分自然抗药性和获得抗药性两种。自然抗药性又称耐药性，是由于生物种的不同，或同一种的不同生育阶段，不同生理状态对药剂产生不同的耐力。获得抗药性是由于在同一地区长期、连续使用同一种农药，或使用作用机理相同的农药，使害虫、病菌或杂草对农药抵抗力的提高。抗药性的预防比抗药性产生后的治理更为重要。

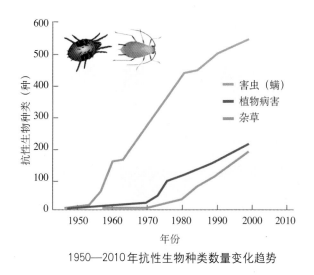

1950—2010年抗性生物种类数量变化趋势

一、目前农药使用中存在的主要问题

农药是目前防治农作物有害生物（病、虫、草、鼠）及调节作物生长的重要手段之一，在病虫草害发生威胁时，可控制或扑灭病虫草害于暴发流行之前。农药的应用主要具有以下优点：一是防治效果稳定。农药防治一般可以达到相当高的防治效果，满足农业生产的要求。二是见效迅速。农药防治效果比较快，即在短时间内可把害虫虫口数压下去，把病害控制住。三是经济实用。为广大农民普遍接受的主要就是它的经济实用，尤其适应小规模的农业生产。但是，如果使用不当，就可能对农作物产生药害，污染生态环境甚至危害人、畜生命安全，对农业生产、农产品质量和农业生态安全造成严重威胁。当前农药使用方面存在以下问题：

1. 过于依赖及不合理使用化学农药　有些果农对化学农药过于依赖，而对农业、物理、生物等防治措施则应用不多，对化学农药的使用也不够合理，使农田的生态环境遭到破坏，生态平衡被打破，导致一些病虫因失去天敌的自然控制而猖獗危害。与此同时，一些农药使用后带来了负面影响，施药后能刺激某些害虫的繁殖，如波尔多液及一些拟除虫菊酯类农药施用后会刺激花椒叶螨的发生。

2. 重治轻防，防治时期不准　病害应以预防为主控制发病，虫害抓关键期防治是基本原则。大多数农民抓不住最佳防治时

不合理使用农药

桃瘤蚜严重发生

桃煤污病严重发生

期，部分农民凭经验防治。一是不见病虫不施药，看见病虫发生才用药，以致延误了防治的最佳时间，以后虽连连用药，但收效甚微；二是有虫无虫打保险药、放心药，不按指标用药，见病虫就治，造成农药施用过量。如苹果锈病，落花后至5月上旬是苹果树感病高峰期，花后防治效果最好，大量发病后再喷药，已不能控制病害的发生。

3.盲目购药，用药不合理 一家一户分散经营的农民，由于文化、技术等水平有限，部分农民的农药知识缺乏，存在贪图价格便宜，看人家买什么药自己也买什么药的从众心理，以及盲目相信某些销售人员的推荐等情况，

桃病虫害混合发生

多种农药混合使用

或者用药品种单一，发现效果好的农药，就长期单一使用，不顾有害生物发生情况盲目施药，造成有害生物抗药性快速上升，或者随意改变农药使用剂量、使用方法等，农药使用量逐年增加，防治费用不断上升，导致既浪费农药，又污染环境，还对作物不安全。例如，20世纪80年代开始使用20%甲氰菊酯乳油6 000倍液防治叶螨，防效98%以上，现在用1 000倍液防效不到50%。不少果农认为农药混用的种类越多效果越好，常将多

手动背负式喷雾器

机带喷雾器

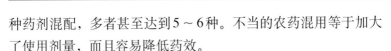

种药剂混配，多者甚至达到5~6种。不当的农药混用等于加大了使用剂量，而且容易降低药效。

4. 施药方式与农药类型不对应 一般除草剂可用喷雾方法来施药，例如丁草胺、2甲4氯等。而有些农药需作土壤处理剂，如扑草净要用撒毒土的方法来除草，若作为叶面处理剂，则易造成药害。同时施药的时间也很重要。

5. 农药施用器械落后 目前市场上销售的农药植保器械大部分质量较差，导致药剂"跑、冒、漏、滴"现象严重，既增大了防治成本和劳动力强度，又达不到理想的防治效果，同时增加了中毒事故发生的概率。

6. 安全意识不强 在施药中只有部分群众头戴防护品，身穿长袖衣服和长裤，手戴乳胶手套或者穿胶鞋，而大多数农民施药时没有采取安全防护措施。徒手配药，打药后不及时彻底清洗，身体在打药时受到了污染还照常干活，个人防护意识差；有些农民只注意防治效果和眼前利益，而不管农药对环境的污染，无视农药安全使用准则，仍然使用已禁止在果树、蔬菜上使用的高毒高残留农药；不注意安全间隔期和环境安全，随便

逆风施药

使用后丢弃在河套内的农药空包装

在河流、池塘、水井等处配药和冲洗施药器械，农药包装废弃物乱扔乱丢。

二、农药的基本知识

（一）农药的分类及性质

1. 按原料来源分类

（1）化学农药。又可分为有机农药和无机农药两大类。

有机农药是一类人工合成的对有害生物具有杀伤能力或调节其生长发育的有机化合物，所以又称合成农药，如敌百虫、敌敌畏、百菌清等。有机农药可以工业化生产，品种很多，药效高，用途广，加工剂型及作用方式多样，目前占整个农药总量的90%以上，在农药发展中占有重要地位。

无机农药主要由天然矿质原料制成，可直接用来杀伤有害生物，又称矿物性农药，如硫黄和硫酸铜等。这类农药的特点是化学性质稳定，不易分解，不溶于有机溶剂；但品种较少，作用较单一，且易发生药害，故使用受到一定限制。

（2）植物源农药。以植物为原料，经过溶剂提取而制成的

有机农药产品

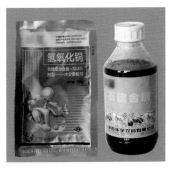

无机农药产品

农药，其有效成分是天然有机物，其性能同有机农药相似，植物原料有除虫菊和烟草等。植物源农药具有对人畜安全、对植物无药害、可就地取材等优点。

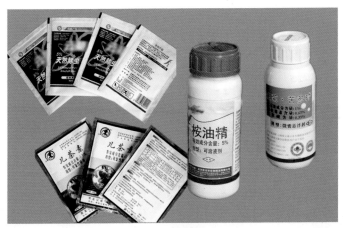

植物源农药产品

（3）微生物源农药。是利用一些对病虫有毒、有杀伤作用的有益微生物及其代谢产物制成的农药，所含有效物质是细菌、真菌、病毒或抗菌素，如青虫菌、白僵菌、苏云金杆菌等。此类农药选择性强，使用时不伤害天敌，对人畜无毒，对植物安

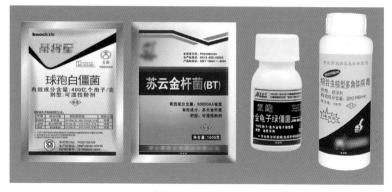

微生物源农药产品

全，长期使用病虫不易产生抗药性，但其应用范围不够广泛，作用较缓慢，往往受季节和环境因素等条件的限制。

2. 按用途和作用方式分类

（1）杀虫剂。专门防治害虫的药剂。根据药剂进入害虫体内的途径，可分为触杀剂、胃毒剂、熏蒸剂和内吸剂等。

①触杀剂。药剂从害虫体壁渗入虫体内而产生的毒害作用

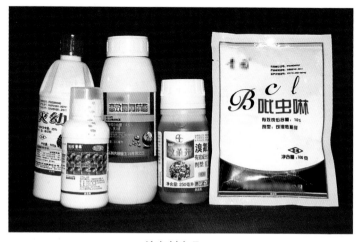

杀虫剂产品

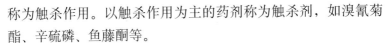

称为触杀作用。以触杀作用为主的药剂称为触杀剂，如溴氰菊酯、辛硫磷、鱼藤酮等。

②胃毒剂。药剂从害虫的消化系统进入虫体内而产生的毒害作用，称为胃毒作用。以胃毒作用为主的药剂，称为胃毒剂，如敌百虫、杀虫双等。

③熏蒸剂。药剂呈气雾状态，经害虫的呼吸系统进入虫体内而产生毒害作用的药剂。如磷化铝等，均可释放磷化氢气体杀死害虫。

④内吸剂。药剂施于植物的茎叶或根部，经植物吸收而输导于整个植物体内，害虫取食植物因而产生毒害作用的杀虫药剂，如乐果等。

（2）杀螨剂。专门防治螨类的药剂，如双甲脒和噻螨酮等。

（3）杀菌剂。对病原有抑制和毒杀作用的药物。根据药剂防病灭菌的作用，可分为以下3种主要类型。

杀螨剂产品

①保护剂。在植物感病前将药剂喷布覆盖于植物表面，以杀死或阻止病菌或病原物侵染植物。目前使用的杀菌剂多为保

护剂，如波尔多液、代森锌、百菌清、硫酸制剂等。此类药剂在植株发病后使用往往效果较差。

②治疗剂。对病害有治疗作用的药剂，如退菌特、福美双等。因为病菌侵入后，与植物发生了密切关系，增强了病菌对药剂的抵抗力，一般能杀死侵入病菌的剂量，往往对植物也会产生药害。因此，目前治疗剂的应用远不如保护剂广泛。

③内吸剂。药剂经植物叶、茎、根部吸收，进入植物体内并能在体内输导、存留或产生代谢物，以保护植物免受病原物的侵害或治疗植物病害的药剂，如敌锈钠、多菌灵、敌磺钠等。自内吸剂问世以来，在植物病害防治中发挥了突出作用，但也存在病原菌对此类药剂易产生抗性的问题。因此，近年来人们十分重视将保护剂与内吸剂制成混合剂或混用。

（4）除草剂。防除杂草的药剂。按除草剂对植物作用的性质可分为选择性除草剂和灭生性除草剂。

①选择性除草剂。在一定浓度和剂量范围内杀死或抑制部分植物而对另外一些植物安全的除草剂。它可分为两大类除草

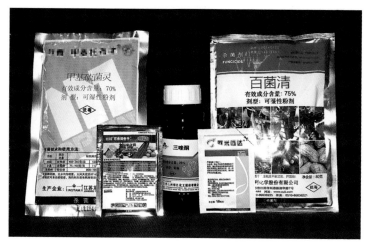

杀菌剂产品

除草剂产品

剂，一类是单子叶除草剂，另一类是双子叶除草剂。

②灭生性除草剂。指在常规剂量下可以杀死所有接触到药剂的绿色植物的除草剂，如草甘膦等。

（5）杀鼠剂。杀灭害鼠的药物，如敌鼠钠盐等。

（6）植物生长调节剂。对植物生长机能起促进或抑制作用的药剂，如赤霉酸和三十烷醇等。

（二）农药品种的选择

1. 依据国家的有关规定来选择农药　农药使用不当会带来严重的负面影响，给农业生产和社会造成危害。为此，国际上非常重视农药使用的管理工作，我国农药管理和使用的相关部门也制定了一系列的法规来规范农药的使用，在选择农药品种时必须遵守这些法规和《农药登记公告》，目前我国主要的农药法规有以下4种。

（1）《农药安全使用规定》。《农药安全使用规定》（以下简称《规定》）是由农业部和卫生部于1982年颁布的一个农药使用法规，虽时隔30多年，但至今仍具有重要的指导意义。《规定》将当时生产上应用的农药划分为3类：第一类为高残留农药和高毒农药，列入此类的农药品种有26个；第二类为中毒农药，列入此类的农药品种有42个；第三类为低毒农药，列入此类的农药品种有27个。《规定》要求，所有使用的农药品种，凡已制定农药安全使用标准（即合理使用准则）的品种，均按标准的要求执行。尚未制定出标准的品种，则按《规定》执行。对第一类农药的使用做出了具体的限制，即高毒农药不准用于蔬菜、茶叶、果树、中药材等作物，不准用于防治卫生害虫与人、畜皮肤病；高残留农药不得用于果树、蔬菜、茶叶、中药材、香料等作物。

（2）《农药合理使用准则》。《农药合理使用准则》（以下简称《准则》）是由农业部负责制定，国家颁布的农药使用标准。它对每一种作物上使用的农药品种的使用量、使用次数、安全间隔期等做了明确的规定，按照《准则》使用农药，可以保证收获后的农产品中农药的残留量不超标。在选择使用农药品种时，最好根据《准则》中的名单来决定何种作物选用何种农药。

（3）《农药安全使用规范　总则》。《农药安全使用规范　总则》是由农业部于2007年颁布的农药使用准则，它根据农药使用特点，提出了农药在使用前、使用中和使用后3种情况的具体安全操作行为规范，不仅可以满足使用者选购和使用农药的需要，也对与农药有关的销售、运输、储藏、中毒急救等方面的行为得以规范，可以保证农药使用过程的规范化操作。

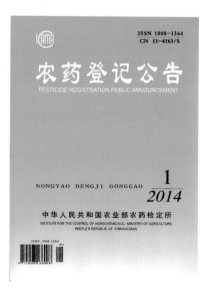

《农药登记公告》封面

（4）《中华人民共和国农业部公告》。根据农业部发布的有关农药管理公告，如中华人民共和国农业部第194号、199号、322号公告以及《关于停止甲胺磷等五种高毒农药的生产流通使用的公告》，国家明令禁止33种农药的使用；禁止或限制23种农药在蔬菜、果树、茶树和中草药材上使用。

（5）《农药登记公告》。《农药登记公告》是由农业部农药检定所发布的获得农药登记的所有农药品种的一个公告。每一种农药的生产厂家、商品名称、毒性、许可使用的范围和时间、许可使用的作物、使用剂量、使用时间和使用注意事项都在《农药登记公告》中列出。

2. 根据防治对象选择农药 病、虫、草和其他有害生物单一发生时，应选择对防治对象专一性强的农药品种；混合发生时，应选择对防治对象有效的农药品种。在一个防治季节应选择不同作用机理的农药品种交替使用。

（1）防治害虫选择杀虫剂，防治病害选择杀菌剂，防除杂草选择除草剂。各类农药作用不同，所防治的对象也不同。杀虫剂对害虫有很好的防效，但对病害却不起作用，同样地，杀菌剂能防治病害，但对害虫却没有效果。

（2）根据害虫取食特点选择农药品种。害虫咀嚼茎叶为害的，多选择具有触杀、胃毒作用的杀虫剂；而蚜虫等刺吸作物叶片为害的，防治时多选择具有渗透性的杀虫剂。

（3）根据为害部位选择农药。大多数杀虫剂和杀菌剂防治为害植物地上部分的有害生物。对叶部和茎部的病害、害虫，只能根据病、虫种类选择农药。而对某些果树树干部病害，则需选择专门针对此病害的农药，如苹果树腐烂病可选用松焦油原液涂干。

（4）根据害虫本身条件选择农药。如某些介壳虫、桃粉蚜易产生蜡质分泌物而成为它的保护膜，对这类害虫可以选择能破坏保护膜的药剂；另外还可选择具有内吸性的杀虫剂，植物吸收药剂后，害虫刺吸汁液便会中毒。

3.根据农作物和生态环境安全要求选择农药　选择对处理作物、周边作物和后茬作物安全的农药品种，选择对天敌和其他有益生物安全的农药品种，选择对生态环境安全的农药品种。

（三）农药质量的判别

1.仔细阅读农药标签　农药标签是农药使用的说明书，是购买和使用农药的最重要参考书。通过对标签的阅读，可以了解农药的合法性和农药的使用方法、注意事项等。阅读标签时应注意以下几方面内容：

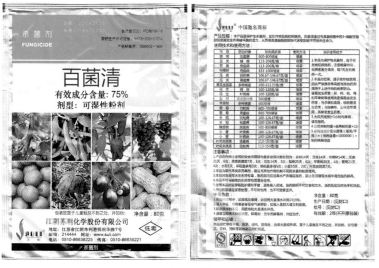

农药标签

①产品的名称、含量及剂型。

百菌清

有效成分含量:75%
剂型:可湿性粉剂

②产品的批准证（号）。

农药登记证：PD86180-8

农药生产许可证号：XK13-003-01014

产品标准号：GB9552-1999

③适用范围、剂量和使用方法。

使用技术和使用方法：

作 物	防治对象	制剂用药量	使用方法	施药使用技术
茶 树	炭疽病	600-800倍液	喷雾	1.本品为保护性杀菌剂，应于在发病初期施药，注意喷雾均匀，视病害发生情况，每7天左右施药一次。
豆 类	锈病	113-206克/亩	喷雾	
豆 类	炭疽病	113-206克/亩	喷雾	
柑橘树	疮痂病	833-1000倍液	喷雾	
瓜 类	白粉病	106.67-146.67克/亩	喷雾	2.本品对苹果、提子类作物禁用
瓜 类	霜霉病	106.67-146.67克/亩	喷雾	

④产品质量保证期。

 有效期：2年(不开原包装)

⑤毒性标志。

低毒

⑥注意事项。

注意事项：

1.产品在作物上使用的安全间隔期与最多使用次数分别为：茶树14天；豆类14天；柑橘树14天；瓜类21天，6次；果菜类蔬菜7天，3次；花生14天，3次；梨树25天，6次；苹果树20天，4次；葡萄21天，4次；水稻1天，早稻最多用3次，晚稻最多用5次；小麦10天，2次；叶菜类蔬菜7天。

2.本品为取代苯类农药单剂，建议与其他作用机制不同的杀菌剂轮换使用。

3.本品对鱼类等水生生物有毒，施药期间应远离水产养殖区施药，禁止在河塘等水域中清洗施药器具。

4.本品不可与碱性的农药等物质混合使用。

⑦储存和运输方法。

储存和运输：
本品应贮存在干燥、**阴凉**、通风、防雨处，远离火源或热源。置于儿童触及不到之处，并加锁。勿与食品、饮料、饲料等其他商品同贮同运。

⑧生产者的名称和地址。

 化学股份有限公司
地址：江苏省江阴市▇▇▇▇路7号

⑨农药类别特征颜色。

杀菌剂

⑩象形图。

　2. 辨识假劣农药　伪劣农药的危害是十分严重的，它不仅使农药使用者浪费了资金、人力，且防治效果不好，农作物病虫害得不到有效控制，严重时导致作物产生药害，给生产造成重大损失。因此，避免购买伪劣农药，是保证农业生产顺利进行的前提之一。假劣农药的辨识可以从以下几个方面进行：

　（1）外观。看包装标贴和内容物，劣质农药一般体现在：

　①外包装。印刷质量不良或粘贴不好，包装物污渍严重。

　②内容物。乳油、超低量乳油和水剂、水溶性剂、微乳剂等混浊不清，有分层和沉淀的杂质；水乳剂、悬浮剂等严重分

层，轻摇后倒置，底部仍有大量的沉淀物或结块；粉剂和可湿性粉剂结块严重，手摸有硬块；片状熏蒸剂粉末化，烟剂受潮严重等。

（2）标签。仔细阅读标签，对照标签的10项基本内容要求，检查各项内容是否全面；查阅《农药登记公告》，看标签上的登记证号与公告里的是否相同，厂家是否为同一个厂家，登记的使用作物和使用剂量是否和标签所标明的一样；仔细观察农药的生产厂家和地址，对照电话区号本，确认联系电话的区号是厂家地区的区号，按照标签所标明的电话进行核实。

（3）试验。将少量农药取出，用量筒等玻璃器皿进行稀释试验，观察试验的结果。如果乳油出现浮油、分层等，则认为乳化结果不良；如果水剂、水溶性液剂、微乳剂等短时间内不能完全溶于水，则表明剂型不合格；如果可湿性粉剂、水分散粒剂、干悬浮剂、悬浮剂等出现过快的沉淀，则证明悬浮剂的悬浮率过低，产品不合格；气雾罐揿下时喷雾力小，证明气压不足；烟剂点燃后很快熄灭，证明发烟效果不良等。

（4）化验。根据农药检验的有关要求，对农药的有效成分进行化验。

3. 农药购买技巧

（1）根据作物的病虫草害发生情况，确定购买的农药品种，对于自己不认识的病虫草害，最好先向农技人员咨询或携带样本到农药零售店。

（2）仔细阅读标签。一般标签包括以下内容：名称、有效成分含量和剂型、批准证（号）、性能、用途、使用技术和使用方法、净含量、质量保证期、毒性标志、注意事项、中毒急救措施、生产者的名称和地址、农药类别特征颜色标志带、象形图等内容。

（3）选择可靠的销售商，一般植保、技术推广系统以及厂家直销门市部的产品比较可靠。

（4）选择熟悉的农药生产厂家的产品，新产品应当是在当地通过试验，证明可行的。

（5）对于大多数病虫草害，不要总是购买同一种有效成分的药剂，应该轮换购买不同的产品。

（6）要求农药销售者提供农药的处方单，购买农药时应索要发票，使用时或使用后如发现为假劣农药，应该保留包装物；出现药害，应该保留现场或拍下照片，并及时向农业行政主管部门或具有法律、行政法规规定的有关执法部门反映，以便及时查处。

（四）农药的配制

除了少数可以直接使用的农药制剂外，一般农药在使用前都要经过配制才能使用。农药的配制就是把商品农药配制成可以施用的状态。农药配制一般要经过农药和配料取用量的计算、量取、混合等几个步骤。

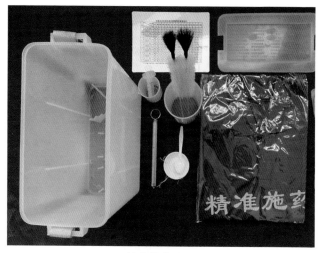

精准施药量具

1. **计算农药和配料的取用量** 农药取用量要根据其制剂有效成分的含量、单位面积的有效成分用量和施用面积来计算。商品农药的标签和说明书中一般均表明了制剂的有效成分含量、单位面积有效成分用量，有的还表明了制剂用量或稀释倍数。

如果农药标签或说明书上注有单位面积上农药制剂用量的，可用下式计算农药制剂用量：

$$\begin{array}{c}\text{农药用量} \\ \text{（毫升或克）}\end{array} = \begin{array}{c}\text{单位面积农药制剂用量} \\ \text{（毫升或克／亩）}\end{array} \times \begin{array}{c}\text{施药面积} \\ \text{（亩）}\end{array}$$

如果农药标签上只有单位面积上的有效成分用量，可用下式计算农药制剂用量：

$$\text{农药用量（克）} = \frac{\text{单位面积有效成分用量（克/亩）}}{\text{制剂中有效成分百分含量（\%）}} \times \text{施药面积（亩）}$$

若已知农药制剂要稀释的倍数（即喷施药液浓度），可用下式计算农药制剂用量：

$$\text{农药用量（毫升或克）} = \frac{\text{要配制的药液量或喷雾器容量（毫升或克）}}{\text{稀释倍数}}$$

2. **安全、准确地配制农药** 准确地配制农药是安全、高效、合理使用农药的基本要求。计算出的农药制剂取用量和配料用量（通常为加水量），要严格按照计算量量取或称取。液体农药可用有刻度的量具如量杯、量筒，最好用注射器量取；固体和大包装粉剂农药要用秤称取，称取少量药剂宜用克秤或天平秤称取；小包装粉剂农药，在没有称量工具时，可用等分法分取，也较为准确。农药和配料称（量）取后，要放在专用容器里混合配制，并用工具（不得用手）搅拌均匀。

配制农药过程

用药瓶直接倒取农药

用瓶盖倒取农药

喷雾器药液太满

剩余药液直接倒入田间

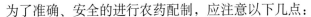

为了准确、安全的进行农药配制，应注意以下几点：

①不提倡用瓶盖倒取农药，这样极易洒泼和引起经皮中毒；不要用水桶配药，残留药液易引起人畜误食；不能用盛药容器直接到河、沟、塘、池中取水；不准用手伸入药液或粉剂中搅拌。

②开启农药包装后，称量及配制过程中，操作人员应该佩戴必要的防护器具。

③农药配制人员，必须经过专业培训，掌握必备的操作技术，熟悉所用的农药性能。

④孕妇和哺乳期妇女不准参加农药配制工作。

⑤配制农药应远离住宅区、牲畜栏厩和水源等场所；药液随配随用，配好或用剩的药液应采取密封措施；已开装的农药制剂应封存在原包装内，不得转移到其他包装中（如食品包装或饮料瓶）。

⑥配药器械要求专用，每次用后要洗净，不准在河流、小溪、塘、池、坝和水井边清洗。

⑦少量用剩和不要的农药应该深埋地下；处理粉剂农药时要小心，以防粉尘飞扬，污染环境。

⑧喷施农药时，喷雾器不要装得太满，以免药液泄漏；以当天配制当天用完为好。

三、农药的施用

1.施药田块的处理 施过农药的田块，作物、杂草上都附有一定量的农药，一般经4～5天后会基本消失。因此，要在施用过农药的田块竖立明显的警示标志，在一定的时间内禁止人畜进入。

2.残余药液及废弃农药包装的处理

（1）残余药液的处理。

①配制后未喷完药液（粉）的处理。在该农药标签许可的

情况下，可将剩余药液用完。对于少量的剩余药液，如果不可能在下一天继续使用，可在当天重复施用在目标物上。

②拆包装后未用完农药的处理。农药喷施结束后，包装内未配制的农药液或药粉必须保存在其原有的包装中，并密封存储于上锁的地方，不能用其他容器盛装，严禁用空饮料瓶分装剩余农药，并要存放到儿童拿不到的地方。

（2）农药废弃包装物的处理。农药废弃包装物一般为有毒、有害的化学品。这些农药废弃包装物如被随意弃之于河流、沟边、渠旁、田间地头，不仅污染地下水源，且对人类和环境造成极大危害。

有资料显示，每亩地塑料残留量达15千克时，可使油菜、小麦、稻谷分别减产54%、26%、30%。废弃在水中的容易被动物吞入，导致中毒或死亡。因此，农药的空容器和包装，必须妥善处理，不得随意乱丢，尤其不要弃之于田间地头。

农药空包装的安全处理有3个程序：农药空包装的清洗、农药空包装的回收和空包装的无害化处理。

①农药空包装的清洗。用加水用的小盆等容器盛上足够的清水，将农药空包装在水中反复摇荡、清洗，清洗后的水倒入喷雾器中使用。如此反复3次，即可将空包装中的残留农药减少到最低限度，使空包装转变为低毒或无毒。

②农药空包装的回收。在田间使用的各种规格的农药空瓶和空袋，经过3次清洗后，装入塑料袋中带离田间，交到指定的地方，如农药空包装回收箱和农药店的空包装回收桶等。

（3）农药空包装的处理的安全注意事项。

①焚烧农药废弃物必须在专门的处理场所进行。

②对于不能及时处理的农药废弃物，应妥善保管，防止人畜接触。

③不要用农药空容器盛装其他农药，更不能作为人畜的饮

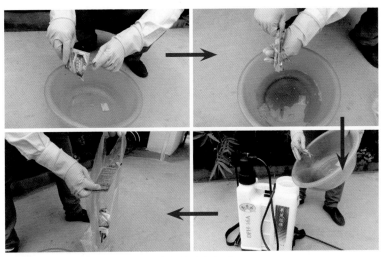

清洗农药空包装

集中回收农药空包装

食用具。

3. 清洁与卫生

（1）施药器械的清洗。施过农药的器械不得在小溪、河流或池塘等水源中洗涮，洗涮过施药器械的水应倒在远离居民点、水源和作物的地方。

（2）防护服的清洗。

①施药作业结束后，应立即脱下防护服及其他防护用具，装入事先准备好的塑料袋中带回处理。

②带回的各种防护服、用具、手套等物品，应立即清洗。根据一般农药遇碱容易分解破坏的特点，可以用碱性物品对上述物品进行消毒。

③橡皮塑料薄膜手套、围腰、胶鞋若被农药原液污染，可放入10%碱水内浸泡30分钟，再用清水冲洗3～5遍，晾干备用。

清洗施药器械

清洗防护服

（3）施药人员的清洁。

①应先用清水冲洗手、脚、脸等暴露部位，再用肥皂洗涤全身，并漱口换衣。

②对于使用了背负式喷雾器人员的腰背部，因污染较多，需反复清洗。有条件的地方最好采用淋浴，条件差的地方在用肥皂清洗后，用盆或桶装上温度适合的清水进行冲洗。

4.用药记录档案　每次施药应记录天气状况、用药时间、药剂品种、防治对象、用药量、对水量、喷洒药液量、施用面积、防治效果和安全性。

四、科学用药原则

科学用药原则主要有优先使用生物农药或高效、低毒、低残留农药，要对症施药，要有效、低量、无污染，交替使用农药，严格按间隔期用药等。

1.贯彻"预防为主，综合防治"的植保工作方针，实施保健栽培　积极改变耕作制度、合理轮作、多样性栽培、科学配方施肥、清理田间废弃物等，破坏害虫和病原菌的适宜生存环境，减少化学农药的施用，由过去单纯依靠化学农药防治向"绿色植保"转变。

2.对症用药　农民首先要去田间调查，根据病虫的危害症状，摸清病虫发生情况，确定防治对象，按防治对象选择高效对口的农药。

田间调查病虫发生情况

对症用药

技术人员田间指导防治

3.抓住防治适期，利用最佳防治时期施药 施药过早或过迟，不仅起不到防治病虫害的作用，而且成本增加，污染环境，往往事倍功半。所以，在使用农药时要根据调查的病、虫、草情及天敌数量和预测预报，及时用药防治。为了保证防治效果和避免滥用农药，农业科技人员要经常深入田间地头勤检查，做好防治技术指导工作。对于害虫，由田间虫口密度确定防治对象田；由害虫发育进度确定防治时期。对病害由田间发病率确定防治对象田；由发病程度确定防治时期。

4.严格按标准浓度配制药液 在药液配制时，认真阅读使用说明，严格按比例配制农药浓度，严禁随意加大用药量或浓度。稀释农药时先在桶里加入少量的水，按作业面积量取药剂并加入桶中，加水稀释成母液备用；再在喷壶内加入1/3的水，按药液浓度将配好的母液平均分成几份，任取一份加入桶中，加足水搅匀即可喷施。

5.巧施农药，提高防效 施农药时要根据病虫的危害和发生部位、药剂、防治对象等选用不同施药的方法，如对为害根部的病虫，采用沟施、穴施、浇泼、灌根的方法把药剂施入植物根部；就农药剂型而言，颗粒剂只能撒施，乳油可以喷雾、拌种、拌毒土；有些农药需要二次稀释，有些农药需要加增效剂、避风、避雨、避高温和低温、避干旱（或干旱增加水量）。大多数害虫在叶片背面取食为害，病菌在叶片背面侵染形成病斑，因此在喷施农药时把喷头反过来喷植物叶片背面可以取得很好

喷施叶面背部

均匀喷洒药剂

的效果。喷施农药时要做到均匀周到，使植物表面均匀地喷上药剂，喷到叶面不滴水为最佳，滴水则造成浪费，并且防效不好。

6.交替、合理混配施用农药，以增加药效，保证安全　在一个地区频繁使用同一种农药将使病虫产生抗药性。可更换新的农药品种来减缓抗药性的产生。还可以合理地混用几种农药来发挥增效作用。但如果农药混用不当，不但起不到增效作用，严重的还会产生药害，需在技术人员的指导下进行。混用的农药品种一般不要超过3种，否则容易产生拮抗作用或发生药害。

7.适时用药、看天气喷药　选择晴天施药，根据病虫发生情况利用有利的时间施药。一天中，9～11时和16时以后为病害和多数害虫较适宜的施农药时间，尽量避免在中午高温烈日和大风时施药。对地下害虫等夜间活动的害虫要傍晚施药。在高温多雨季节，选择内吸性药剂在雨停后及时用药，而不宜用水溶性大的药剂。

8.采取统防统治等方式，做到有效、低量、无污染　随着近年来植保专业化统防统治工作的开展，北京平谷区的优势得到越来越多人的认可，植保专业化统防统治工作全面贯彻"公共植保、绿色植保"方针，有益于提高病虫害的防治效果、降低农药使用风险，是促进农作物稳定增产、保障农产品质量安全和农业生态环境安全的有效途径。专业化防治取得的成效主要表现为3个提高、4个减少，即实现病虫害防治效果、效率和效益三提高，实现农药用量、防治成本、环境污染和劳动强度四减少。

9.采用新型施药器械，提高药液雾化效果，以减少用药量，提高农药有效性　如：东方红牌DFH-16A型、卫士牌WS-16型背负式手动喷雾器，东方红牌WFB-18G型、泰山牌-18型背负式机动喷雾机等精准施药器械，其雾化程度高、雾滴细，可节水省药，降低劳动强度，安全性能好，避免"跑、冒、滴、漏"等问题。利用这些先进的喷雾器械既能提高防治效果又能降低

桃园统防统治

履带自走式果园专用喷雾机

农药使用成本、提高农药的利用率。

　　10. 严格按照国家规定的农药安全使用间隔期采收　农药安全间隔期是指农作物最后一次施药时间距收获的天数,这是减少农产品中的农药残留、防止残毒的重要环节之一,是保障消费者身体健康的重要手段。因此,要严格按照国家规定的安全间隔期收获,尤其是瓜、果、菜类,以防止人畜食后中毒。

附　　录

杀　虫　剂

1. 吡虫啉
2. 氯氰·毒死蜱
3. 氰戊·敌敌畏
4. 氰戊·乐果
5. 苏云金杆菌

杀　菌　剂

1. 硫黄
2. 唑醚·代森联
3. 腈苯唑
4. 噻唑锌

昆虫性信息素

梨小性迷向素

附录二　果树上已登记农药品种

杀　虫　剂

1. 马拉硫磷
2. 杀虫双
3. 杀螟硫磷
4. 氰戊菊酯
5. 辛硫磷
6. 氯菊酯
7. 哒嗪硫磷
8. 乙酰甲胺磷

杀　菌　剂

1. 硫黄
2. 多菌灵

植物生长调节剂

萘乙酸

参考文献

郭书普, 2010. 果树病虫害防治彩色图鉴[M]. 北京: 中国农业大学出版社.

贾小红, 陈清, 2007. 桃园施肥灌溉新技术[M]. 北京: 化学工业出版社.

梁帝允, 邵振润, 2011. 农药科学安全使用培训指南[M]. 北京: 中国农业科学技术出版社.

刘国杰, 张洪, 张俊民, 2009. 北京市林果乡土专家培训系列口袋书: 桃树篇[M]. 北京: 中国农业大学出版社.

孟林, 2004. 果园生草技术[M]. 北京: 化学工业出版社.

吕佩珂, 1993. 中国果树病虫原色图谱[M]. 北京: 华夏出版社.

全国农业技术推广服务中心, 2011. 农作物病虫害专业化统防统治手册[M]. 北京: 中国农业出版社.

全国农业技术推广服务中心, 2010. 中国植保手册: 桃树病虫防治分册[M]. 北京: 中国农业出版社.

王国平, 洪霓, 2004. 优质桃新品种丰产栽培[M]. 北京: 金盾出版社.

王艳辉, 杨建国, 张金良, 等, 2012. 北京平谷大桃病虫害绿色防控技术试验示范[J]. 中国植保导刊, 8: 20-23.

王艳辉, 张保常, 徐申明, 等, 2013. 平谷区大桃病虫害绿色防控技术研究与应用[J]. 中国科技成果, 4: 69-70.

吴进才, 2011. 农药诱导害虫再猖獗机制[J]. 应用昆虫学报, 48(4): 799-803.

杨普云, 赵中华, 2012. 农作物病虫害绿色防控技术指南[M]. 北京: 中国农业出版社.

尤民生, 侯有明, 刘雨芳, 等, 2004. 农田非作物生境调控与害虫综合治理[J]. 昆虫学报, 47(2): 260-268.